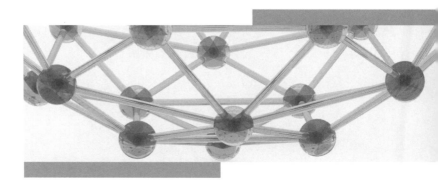

# オペレーティング
# システム
# 入門（新版）◀

古市 栄治［著］
Furuichi Eiji

Ohmsha

# は じ め に

この世にコンピュータが誕生したのは 1946 年のことですから，まだ半世紀しか経過していません．この短い歴史の中で，ここ数年来のいわゆる「ダウンサイジング」現象は特筆すべき出来事ということができます．大型汎用コンピュータに代わって，ワークステーションやパソコンが主役の座にすわり，コンピュータは誰もが手軽に使える道具に変身してしまいました．

本書は，このような変化の激しい時代の中で，これから「オペレーティングシステム」の勉強に取り組もうとする方々のための入門書として書かれています．オペレーティングシステムは別名「基本ソフトウェア」とも呼ばれ，コンピュータの中で最も基本的で，かつ重要な仕事を担当します．したがって，一般のコンピュータ利用者から見ると，オペレーティングシステムは何か得体の知れない縁の下の力持ち的な存在に見えるかもしれません．この本のねらいは，このようにつかみどころのないオペレーティングシステムの機能を明らかにし，オペレーティングシステムの実体に迫ることにあります．

オペレーティングシステムに関する書籍は，次の三つのグループに分類できます．一つは特定の OS すなわち UNIX や MS-DOS の使い方を説明したもの．二つ目はやはり特定の OS についてその内部構造を詳細に解説したもの．そして三つ目が OS の機能や役割についてあまり特定の OS にとらわれずに一般的に解説したものです．本書は 3 番目のグループに属しますが UNIX 系の OS を相当意識して書かれています．そして，コンピュータの基礎を一通り学習した人を対象に，できるだけ平易な表現で具体的に記述することを心がけました．

ここ数年で，コンピュータはわれわれ人間の世界に急接近し，確かに使いやすくなりました．しかし，このような使いやすいシステムの設計・開発には情報処理全般に関する専門的な知識と高度な技術力が要求され

ます．とりわけオペレーティングシステムについての正しい理解と認識をもつことが必要です．本書によって，一人でも多くの読者がオペレーティングシステムに興味と関心を持ち，より高度な情報処理技術者に向けての研鑽を積まれることを期待します．最後に，本書の執筆において終始あたたかい助言と激励をいただいた日本理工出版会の海和　豊氏に感謝の意を表します．

　　平成7年3月

　　　　　　　　　　　　　　　　　　　　　　　　　古市　栄治

# 新版の序

　本書の初版から，早いもので3年近くが経過してしまいましたが，この間 Windows 95 日本語版の発売，インターネットやマルチメディアの急速な普及など，コンピュータを取り巻く環境はめまぐるしい変化を続けました．オペレーティングシステムも少なからずこの影響を受け，例えば「スレッド」のサポートは OS としてのごくあたりまえの機能になってしまいました．新版にあたっては，このような新しい機能の説明を追加し演習問題の充実を図りました．本書が，オペレーティングシステムの理解に少しでもお役に立てば幸いです．

　　平成9年12月

　　　　　　　　　　　　　　　　　　　　　　　　　古市　栄治

# 目　　次

## 第3章　プロセスのスケジューリング

## 第4章　割込みの制御

# 第1章 オペレーティングシステムの概要

## 1・1 オペレーティングシステムとは

　この世に登場した初の本格的なオペレーティングシステム（OS : operating system）は，IBM の OS/360 で 1964 年のことです．以来，ハードウェアの進歩と共にオペレーティングシステムも目覚ましい発展を遂げましたが，オペレーティングシステムの基盤となる機能は 1964 年の OS/360 ですでに確立されています．ここではオペレーティングシステムをブラックボックスとしてとらえ，オペレーティングシステムがわれわれコンピュータ利用者に何をもたらしてくれるのかを考えます．

### 1 OS の位置づけ

　「オペレーティングシステムとは何ですか」という問いに明確に答えるのは簡単ではありません．コンピュータ利用者がオペレーティングシステムに直接触れるチャンスは，キーボードから操作指令（コマンド）を投入する時ぐらいでしょう．それ以外は，ワープロやデータベースソフト，C言語のコンパイラなどいわゆるサービスプログラムやアプリケーションプログラムが活躍し，オペレーティングシステムはあまり表には出てきません．したがって，コンピュータ利用者からみるとオペレーティングシステムは何か得体の知れない縁の下の力持ち的な存在に見えることでしょう．この本の目的はこのようにつかみどころのないオペレーティングシステムの実体を明らかにすることにあります．

　コンピュータシステムの中でのオペレーティングシステムの位置づけを図示すると，次のようになります．

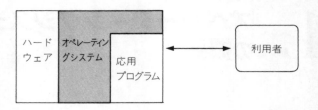

**オペレーティングシステムの位置づけ**

　オペレーティングシステムは，ハードウェアと応用プログラムやわれわれ利用者の間に位置し，プログラミングやオペレーションをより簡単にして提供してくれるシステムということができます．実際に，今日のコンピュータをオペレーティングシステムを抜きにして語ることはできません．どんなに優れたハードウェアといえどもオペレーティングシステムの協力がないとその能力を存分に発揮することはできないからです．

　このようにオペレーティングシステムは，ハードウェアのもつ固有の機能をわれわれ人間が扱いやすいように拡張して提供してくれるシステムということもできます．

## 2　OS の役割

　オペレーティングシステムの役割はきわめて多様なものがあり，また時代とともに少しずつ変化もしています．ここでは，オペレーティングシステムの役割を次のようにまとめておきます．

> 　ハードウェア資源の有効活用を図るため，多くのプログラムを同時並行的にかつ高速に走行させるための基本的な仕組みを提供する．

　半導体技術の進歩によって，プロセッサは高速に記憶装置は大容量にとハードウェアの性能向上はとどまるところを知りません．現代のオペレーティングシステムには，このようなハードウェアの性能を最大限に引き出すことがまず求められます．そうしないとハードウェアという宝の持ち腐れになりかねない

からです．高速の CPU と大容量のメモリを有効に活用すれば多くのプログラムを速く実行させることができます．これを専門用語を使って表現すると「スループットの向上とターンアラウンドタイムの短縮」ということになります．あるいは「マルチプログラミングを効率よく実現する」ということもできます．

　これから，この本で学習するオペレーティングシステムのさまざまな機能は，その大半がマルチプログラミングのためにあるといっても過言ではありません．マルチプログラミングとは CPU やメモリ，入出力装置などハードウェア資源の使用権をめぐって各プログラムが争奪合戦を繰り広げることにほかなりません．これを放置しておくとコンピュータ内部が戦乱状態になり収拾がつかなくなります．オペレーティングシステムは，これらの調整役として働きます．すなわち各プログラムにできるだけ公平に資源を割り当てるとともに，システム全体としての効率向上をあわせて実現します．

　オペレーティングシステムの役割は，これだけではありません．利用者に使いやすい環境を提供すること（操作性の向上）や，プログラムやデータなどの重要な財産を保護すること（セキュリティ機能）など重要なものがあります．しかし，これらについてはこの本では扱わないことにします．この本では，マルチプログラミングの実現に代表されるオペレーティングシステムの中核の機能を中心に学習して行きます．


## 3 OS の基本的な機能

　この本で学習するオペレーティングシステムの機能についてまとめておきましょう．

　オペレーティングシステムの機能と応用プログラム，ハードウェア資源との関係を示したのが次の図です．オペレーティングシステムのサービスの中心は応用プログラムに向けられます．応用プログラムが仕事を進めるために各種のハードウェア資源を必要としますが，応用プログラムがこれらの資源を使用する際には必ずオペレーティングシステムが介入します．そして応用プログラム同士が連絡を取り合ったり，通信をする場合にもオペレーティングシステムが必要になります．

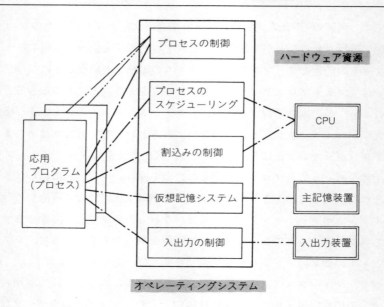

### (1) プロセスの制御

オペレーティングシステムが応用プログラムを制御するときの基本的な単位をプロセスといいます．複数のプロセスが並行して仕事を進めようとするとさまざまな機能が必要になります．プロセスの制御はこれらの機能を応用プログラムに提供します．

### (2) プロセスのスケジューリング

プロセスが仕事を進める上でCPUが必要になることはいうまでもありません．CPUは通常システムに一つしかないので各プロセスに公平平等に使用させなければなりません．これをプロセスのスケジューリングといいます．

### (3) 割込みの制御

コンピュータシステムの中では突発的ともいえるさまざまな現象がかなりの頻度で発生していて，これは割込みとしてCPUに伝えられます．割込みの発生に迅速に対応するのもオペレーティングシステムの重要な役割の一つです．

### (4) 仮想記憶システム

応用プログラムの実行は応用プログラムが主記憶上に置かれてはじめて可能になります．限られた大きさの主記憶を複数の応用プログラムにいかに割り振

るかがオペレーティングシステムの重要な仕事になります．仮想記憶システム
が登場してプログラム全体を主記憶上に置く必要はなくなりましたが，応用プ
ログラムが主記憶を要求してくることに変わりはありません．

### (5)　入出力の制御

　複雑な機構をもつ入出力装置を応用プログラムが簡単にアクセスできるよう
にオペレーティングシステムのサービスルーチンが用意されています．入出力
の制御はオペレーティングシステムの歴史の中でも，最も古くから実現されて
いた機能です．

# 1・2　現代のオペレーティングシステム

　コンピュータがこの世に登場して以来，数え切れないくらいのオペレーティングシステムが現れては消えて行きました．コンピュータの機種ごとにオペレーティングシステムが違うという，今から考えると信じられないような時代もありました．今では標準化が進み大型汎用機，ワークステーション，パソコンのそれぞれに国際的に通用するオペレーティングシステムが存在します．ここでは，代表的なオペレーティングシステムについてその特徴を学習します．

## 1　大型汎用機の OS

### (1)　OS/360（1964 年，米・IBM 社）

　OS/360 は，世界で初の本格的なオペレーティングシステムとして 1964 年に米・IBM 社より発表されました．「360」という命名は 360 度何にでも使えるという意味が込められていたそうで，実際にバッチ処理，リモートバッチ，オンラインリアルタイム，TSS などの多様な処理形態を実現しました．処理内容も事務計算，科学技術計算などあらゆる分野の問題に対応できるようになりました．コンピュータの方は，システム/360 シリーズと呼ばれ，これも世界で初の計算機ファミリーという考え方が導入されました．すなわち，性能の異なる何種類かの計算機を同一のアーキテクチャで統一することによってオペレーティングシステム，プログラム，操作方法などの互換性が保証され，システムのグレードアップ等が容易に実現できるようになりました．

　OS/360 で実現された代表的な機能は，次のとおりです．これらの機能は，いずれもオペレーティングシステムの基盤を形成する重要なものばかりで，その技術は今日まで脈々と受け継がれています．

- マルチプログラミング
- ジョブ制御言語
- スプーリング
- バッファリング
- システムコール

(2)　**MVS**（1970 年，米・IBM 社）

**MVS**（Multi Virtual Storage System）は，本格的な仮想記憶システムを採用したオペレーティングシステムとして 1970 年に IBM 社より発表されました．コンピュータはシステム/370 シリーズ（システム/360 の後継機）と命名され，1970 年代をリードする画期的なコンピュータとして注目を集めました．MVS とシステム 370 は，利用者一人一人に 16MB の仮想空間を提供しました．すなわち，実際の主記憶容量に制約されることなく，各利用者は 16MB のプログラムを作成し，それを実行することができるようになりました．

また，この頃からコンピュータとオペレーティングシステムの国際的な標準化が急速に進みました．もちろん，標準となったのは IBM 社の MVS とシステム/370 です．それまでは，世界のコンピュータメーカは自社の技術で開発したコンピュータとオペレーティングシステムを製品として提供していました．しかし，IBM 社はシステム/360 の発表以来順調に業績を伸ばし，IBM のコンピュータが世界のシェアの 7 割近くを占めるようになると，他メーカの独自製品はもはや相手にされなくなりました．そして，「国際互換」という妙な言葉が生まれ，大型コンピュータのアーキテクチャは，オペレーティングシステムも含めて IBM 仕様に統一されていくことになります．

(3)　**MVS/XA**（1981 年，米・IBM 社）

MVS が発表され 16MB の仮想空間が提供されたとき，大方の利用者は驚きとともに「16MB もの大きなプログラムを誰が作るのだろう」という疑念をもちました．しかし，当時の設計陣は「16MB ではすぐに行き詰まる」という明確な予測を立てていました．コンピュータの利用分野が拡大し，システムの大規模化・複雑化が進むと仮想空間の領域不足は深刻な問題として表面化することになります．

**MVS/XA**（MVS eXtended Architecture）は，仮想空間の大きさを 2 GB にまで拡張したオペレーティングシステムとして 1981 年に発表されました．コンピュータは 370/XA シリーズと呼ばれ，アドレス表現に 31 ビットを用いた当時としては画期的なアーキテクチャを採用しています．さらに，システム/370（24 ビットアドレス）のプログラムを一切変更せずに，そのまま実行できるモードを設けて，370 ユーザのスムーズな移行ができるように設計されて

います.

## 2 ワークステーションの OS

### (1) UNIX （1973 年，米・AT&T ベル研究所）

　ワークステーションの標準オペレーティングシステムといえば UNIX があまりにも有名です. 誕生したのは 1970 年代前半で，米・AT&T ベル研究所の研究者たちによって作られました. 当時のコンピュータは大型汎用機が中心で，オペレーティングシステムも OS/360 や MVS が使われていました. これらのオペレーティングシステムは元々構造が複雑であるうえに，何回もの機能追加を重ねながら成長したこともあって，複雑で膨大なシステムになっていました. ベル研究所の研究者たちはもっとシンプルで使いやすいオペレーティングシステムを作るべく研究を重ね，そして誕生したのが UNIX でした. 誕生した当時は研究者や学者など一部の専門家を中心に使われていましたが，1980 年代前半から急速に普及するようになり，広く一般利用者の間にも浸透して行きました. 世界中に多くの UNIX ファンが誕生しました. そして，1990 年代のいわゆるダウンサイジング現象で大型汎用機に代わってワークステーションが主役の座を占めると，UNIX は自他ともに認める国際標準オペレーティングシステムとして不動の地位を獲得するに至ったのです.

　UNIX は，次のような特徴をもつ大変スマートなオペレーティングシステムです.

- 洗練されたシンプルな構造をもち，軽量である.
- 大部分を C 言語で記述しているので，移植が容易である.
- ソースコードを公開したことで，機能の追加変更が自由にできる.

　この中でも，ソースコードの公開が UNIX の成長に大きな影響を与えました. カリフォルニア大学バークレイ校の研究チームは数々の新しい機能を開発し，UNIX・BSD 版として提供してきました. また，マサチューセッツ工科大学では X ウインドウと呼ばれるユーザインタフェースを開発しました. このように多くの大学や研究所，コンピュータメーカが開発した機能を取り入れながら UNIX は成長を続けてきたといえます.

**(2)　Mach**（1986 年，米・Carnegie Mellon 大学）

UNIX の次の OS として，本格的な分散処理に対応できる OS が待ち望まれます．分散オペレーティングシステムは，まだ研究段階の域を出ないものがほとんどで実用化にはもうしばらく時間がかかると思われます．そんな中で，米・カーネギーメロン大学が開発した Mach（マーク）が比較的注目を集めています．Mach は OS の核部分（カーネルという）を分散処理に対応できるようにマイクロ化したこと，そしてユーザインタフェースには従来の UNIX を採用していることが特徴です．国内でも，一部のワークステーションやスーパーコンピュータの OS として稼働しています．

### 3　パソコンの OS

**(1)　MS-DOS**（1981 年，米・マイクロソフト社）

MS-DOS（MicroSoft Disk Operating System）は，パーソナルコンピュータの標準オペレーティングシステムとして世界中で広く使われてきました．パソコンの画面にプロンプトが表示され，コマンドを入力するとそのコマンドが実行されるという一連の作業はまさに MS-DOS によって行われているのです．MS-DOS が OS/360 や UNIX と大きく違うところは，マルチプログラミングが実現できないことです．これはパソコンの性格上それほど必要がないのかもしれません．しかし，OS からマルチプログラミング機能を取り除くとあとは何も残らないといえるぐらい重要な機能です．したがって，MS-DOS を OS/360 やUNIXと同列に並べて論じることは適当ではありません．

**(2)　MS-Windows**（1985 年，米・マイクロソフト社）

このシステムが発表される前年の 1984 年，米・アップル社が Macintosh（マッキントッシュ）を発表しています．これは従来のコンピュータの概念を根底から覆し，いわば文房具の感覚で誰もが楽しく使えるように設計されました．その中心は **GUI**（Graphical User Interface）と呼ばれるもので，マウスの利用と画面に図形や画像をふんだんに取り入れることで操作性が飛躍的に向上しました．

MS-Windows はこの GUI を従来のパソコンに導入したものです．図形や

画像を扱うには文字に比べるとはるかに大量の情報処理が必要で，ハードウェアの高性能化が一つの条件になっていました．近年，パソコンにも 32 ビットの高速 MPU が採用され，メガバイトオーダの主記憶が装備されるようになって，ようやく本格的なウインドウ時代が到来したといえるでしょう．

(3)　**OS/2**（1988 年，米・IBM 社）

パソコンが次第に普及してくると大型汎用機との連携が重要視されるようになりました．IBM 社はこの問題を体系化した **SAA**（System Application Architecture）を発表し，大型汎用機とパソコンの利用環境を統一しようとしました．OS/2 はこの構想のもとに開発された OS で，パソコン OS としては初の本格的なマルチプログラミング機能を取り入れました．このほか，GUI の採用や仮想記憶のサポートなど多くの特徴があります．

(4)　**DOS/V**（1991 年，米・IBM 社）

世の中の国際化が急速に進む中で，情報処理においても「言語」の扱いが難しい問題として残されていました．国産メーカのパソコンは，日本語のフォント（字体）をファームウェアとしてパソコン本体に組み込んで日本語表示を実現していました．このために，日本のパソコン市場では，国産メーカが圧倒的に優位でした．しかし，これは日本だけの特異な現象で，世界のパソコン市場は IBM が 1984 年に発表した PC/AT と呼ばれる国際標準仕様に統一されていったのです．

DOS/V は，日本語処理をすべてソフトウェアで実現した OS として 1991 年に華々しく登場しました．この OS によって世界中の PC/AT 互換機での日本語処理が可能となりました．東京で作成した日本語のプログラムをフロッピーディスクに入れて運ぶだけで世界中のどこでもそのプログラムを動かすことができます．DOS/V の登場によって国内のパソコンも徐々に PC/AT 互換機へ移行していくものと思われます．

(5)　**Windows NT**（1993 年，米・マイクロソフト社）

高性能のパソコンをネットワークで相互接続することで，従来の大型汎用機を上回るような機能・性能を実現することも夢ではありません．銀行の全国オンラインシステムがパソコンネットワークで構築できる時代がくるかもしれません．Windows NT は，パソコンネットワーク時代の OS としてマイクロソ

フト社から発表されました．機能的には従来の大型汎用機の OS を上回るもの
があり，設計思想としてオブジェクト指向の考え方が貫かれ，実現方法として
クライアントサーバモデルを採用するなど，きわめて斬新で意欲的に設計され
たオペレーティングシステムということができます．

**(6)　Windows 95**

Windows 95 はその名のとおり 1995 年に登場したパソコンの OS で，
Windows NT がどちらかというと企業の中でのシステムとしての利用をねら
いとしているのに比べ，Windows 95 は個人利用に的を絞って徹底的な使いや
すさの追求がされています．　従来の Windows 3.1 に比べてもそのユーザイン
タフェースには格段の違いが見られます．

アプリケーションのインタフェースは Windows NT との互換性があり，32
ビットのアプリケーションが動作可能です．また，メモリ管理にはこれも
Windows NT と同様の多重仮想記憶方式を取り入れ，それぞれのアプリケー
ションに 4 ギガバイトの独立したアドレス空間が与えられます．また，ネット
ワーク時代の OS として TCP/IP を始めとする代表的なプロトコルやインター
ネット接続のための機能などが標準的に組み込まれているのも大きな特徴とい
えます．

**(7)　Windows 2000 Server**（2000 年，米・マイクロソフト社）

1993 年に登場した Windows NT は，大規模なネットワークに対応できる初
めてのパソコン OS として多くのユーザで導入され，実績をあげてきました．
Windows 2000 Server は，この Windows NT で採用された新技術（New
Technology）をベースに，インターネットサービスを中心とした豊富なネッ
トワーク機能を持つサーバ OS としてデビューしました．
Windows 2000 Server には，インターネットの Web サイトの構築・運用に
必要な **IIS**（Internet Information Services）や，インターネットアプリケー
ションを手軽に構築できる **ASP**（Active Server Pages）などの多くの便利
な機能が搭載されています．

すでに多くの分野で実用化されている電子商取引（e-Commerce）をはじ
め，顧客一人ひとりにきめ細かいサービスを提供する **CRM**（Customer
Relationship Management）や経営資源の最適配分を計画・立案する **ERP**

(Enterprise Resource Planning）など，e-ビジネスの基盤を提供するオペ
レーティングシステムといえます．

**(8)　Windows 2000 Professional**（2000年，米・マイクロソフト社）

Windows 2000 Professional は，Windows 2000 Server ネットワークのク
ライアントとして，ビジネスの現場で快適に利用できるように設計されたオペ
レーティングシステムです．

従来の Windows 95/98 の持つ使いやすい操作性（ユーザインタフェース）
を受け継ぎながら，システムの内部はWindows NT の堅牢な構造を取り入れ
ました．これにより，ユーザプログラムが異常を起こしてもオペレーティング
システムにまで影響を及ぼすことはほとんどなくなり，信頼性が大幅に向上し
ました．

多くの機密情報を扱うビジネスの現場では，セキュリティ対策がきわめて重
要になります．Windows 2000 Professional は，Windows 2000 Server と連
携して強固なセキュリティ機能を提供します．各利用者はユーザ名とパスワー
ドで厳重に管理され，ファイルやフォルダーにも利用者ごとにきめ細かいアク
セス権が設定されます．

**(9)　Windows XP**（2001年，米・マイクロソフト社）

Windows XP は，パソコンをだれもがより快適に使えるように設計された
OS として，2001 年に登場しました．XP には "experience" の意味がこめら
れていて，マイクロソフトは，「コンピューティングエクスペリエンスから最
大限のものを引き出すことを望んでいる，あらゆる規模の企業と個人のために
設計されています」と説明しています．

システムの内部構造は Windows 2000 Professional を受け継いでいて，高
い信頼性と強固なセキュリティを実現しています．一方，ユーザインタフェー
スは Windows 95/98 から大幅に改良され，ビジュアルでわかりやすい画面が
表示されるようになりました．

Windows XP のもう 1 つの特徴は，高速ブロードバンドとの接続を前提と
した動画や音楽の再生（ストリーミング）機能を標準搭載していることです．
インターネットの動画配信サイトに接続すれば，テレビニュースを見たり，音
楽を聴いたり，パソコンでエンタテイメントを楽しむことができます．

### (10)　**Linux**（1991 年）

Linux（リナックス）は，UNIX と同等の機能を持ち，パソコン上で動く OS です．パソコンの OS といえば，マイクロソフトの Windows が圧倒的なシェアを持っていますが，ここ数年来，Linux が徐々に注目されるようになりました．Linux の最大の特徴は，いわゆるフリーソフトでだれにもお金を払うことなく無料で使用したり，コピーしたりできます．さらに，Linux のソースコードが公開されていて，だれでも入手することができます．このソースコードを解読すれば，Linux の内部動作を完璧に理解できます．

Linux は，当時のヘルシンキ大学の学生 Linus Torvalds 氏によって作成されました．その後，世界中のプログラマがインターネットを通じて Linux の発展に協力してきました．

Linux の利用者は，世界各国で確実に増え続けています．今後注目されるのは，ネットワークサーバ（Windows 2000 Server の領域）に Linux を採用しようとする動きが加速していることです．無料で使用できてソースコードが公開されていることは，経営者にも技術者にも大きなメリットをもたらします．

# *1章　演習問題*

1-1　次の図は，オペレーティングシステムの機能の一部を体系化したものである．
　　　　　　　に入れるべき適切な機能はどれか．

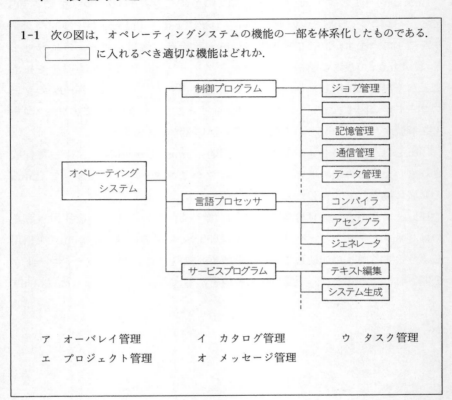

ア　オーバレイ管理　　　イ　カタログ管理　　　ウ　タスク管理
エ　プロジェクト管理　　オ　メッセージ管理

**【解答】**

　ウ　タスク管理

**|解説|**

　この図は「広義」のオペレーティングシステムの体系を示しています．この本で取り上げるのは「狭義」のオペレーティングシステムで体系図の「制御プログラム」の部分に該当します．

1-2　オペレーティングシステムの機能とそれに関連する用語の組合せで，　　　　　　
　　　に入れるべき適切な字句はどれか．

```
    ジョブ管理 ───── JCL
   ┌─────┐ ───── ページング
   └─────┘
    ファイル管理 ───── ディレクトリ
    入出力管理 ───── バッファリング
    運用管理 ───── システムモニタリング


  ア 記憶管理      イ システム管理      ウ 装置管理
  エ 通信管理      オ プロセス管理
```

【解答】

ア 記憶管理

解説

ページングは仮想記憶を実現する代表的な方法で，該当する機能は「記憶管理」です．

1-3 仮想記憶に関する記述のうち，正しいものはどれか．

　ア 仮想記憶空間は，主記憶から補助記憶へ連続したアドレスが割り付けられる．

　イ 個々のプログラムに対しては，主記憶の容量を超えない範囲で仮想空間が与えられる．

　ウ 主記憶におかれていないプログラムは，キャッシュメモリ上で実行される．

　エ ページング方式は，仮想記憶を実現する一方法である．

　オ マルチタスクの実現には，仮想記憶が必要である．

【解答】

エ

解説

　仮想記憶とは主記憶容量よりも大きなプログラムの実行を可能とするものです．主記憶上に置かれていないプログラムは仮想記憶（実体が磁気ディスク）に置かれます．また，仮想記憶には主記憶とは別のアドレスが付けられます．

# 第2章 プロセスの制御

## 2·1 プロセスとは

**プロセス**（process）とは，コンピュータの中で行われるさまざまな仕事の単位のことをいいます．オペレーティングシステムは，これらの仕事を効率よく実現させるためにプロセスの状態やその活動を常に監視しています．すなわち，プロセスはオペレーティングシステムが管理をする基本的な単位であるといえます．プロセスとまったく同じ意味で**タスク**（task）という言葉も使われます．大型コンピュータ全盛の頃は「タスク」が使われましたが，ワークステーション・パソコンが主流になるにつれて「プロセス」が使われるようになりました．本書でも「プロセス」を使います．

### 1 プロセスの実体

プロセスとは具体的に何なのか，そしてコンピュータの中でどんな動きをするのかを見ていくことにします．次の図はプログラムの作成から実行までの様子を示したものです．

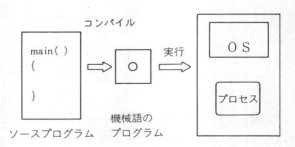

C言語やCOBOLで書かれたプログラム（ソースプログラム）は，コンパ

イルされて機械語のプログラム（オブジェクトプログラム）になります．そし
てオブジェクトプログラムはフロッピーディスクやハードディスクなどの二次
記憶装置に保存されます．そして，このプログラムの実行を指示するコマンド
によって二次記憶上の機械語のプログラムが主記憶上にローディングされプロ
グラムの実行が始まります．ここでプロセスが誕生するのです．二次記憶上の
「プログラム」が主記憶上にローディングされ，オペレーティングシステムの
管理下に置かれると「プロセス」になります．

　ワークステーションクラスのコンピュータでは同時に何人ものユーザがコン
ピュータを使います．そうすると，一つのコンピュータの中にたくさんのプロ
セスが誕生し，これらのプロセスはオペレーティングシステムによってその活
動が管理されることになります．プロセスの具体的な活動については次節以降
で学習しますので，ここではプロセスの活動の基本をまとめておきます．

　1)　プロセスの活動とは，ユーザが記述したプログラムの内容を忠実に実行
することです．

　2)　プロセスの活動に必要な資源は，命令を実行する CPU，プログラムを
置いておく主記憶装置，そして磁気ディスクやプリンタなどの入出力装置など
です．

　3)　オペレーティングシステムは，複数のプロセスを同時に並行して活動さ
せることができます．この場合オペレーティングシステムは，プロセスの活動
が他のプロセスによって干渉されたり妨害されることがないように制御します．

## 2 ジョブとプロセス

　コンピュータの中で行われている仕事のことを**ジョブ**（job）といいます．
ジョブはコンピュータ利用者の視点からみた仕事のことであり，プロセスはオ
ペレーティングシステムが管理をするうえでの活動の単位といえます．ジョブ
とプロセスの関係を考えてみましょう．

### (1)　シングルプロセス（single process）
　一つのジョブが一つのプロセスから構成される形態をシングルプロセスとい
います．

シングルプロセス

　給与計算プログラムのようなバッチ処理のジョブは，ほとんどがシングルプロセスの形態をとります．バッチ処理では一つのプロセスがプログラムで記述されたアルゴリズムを順序正しく実行すれば十分であり，それ以上のことは必要としません．

### (2)　マルチプロセス（multi process）

　一つのジョブが複数のプロセスから構成される形態をマルチプロセスといいます．鉄道の座席予約システムや銀行の預金システムのようなオンラインリアルタイムシステムでは，数多くの端末から一斉に入ってくるデータを限られた時間内に処理をして結果を端末に返さなければなりません．そこで，一つのジョブの中にプロセスをいくつか用意して，一斉に入ってくるデータを同時並行的に処理を行います．

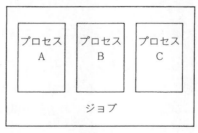

マルチプロセス

　マルチプロセスのもう一つの形態は機能分割型ともいえるもので，プログラムをいくつかの機能に分割してそれぞれの機能を独立したプロセスで実現します．次の例はプログラムをデータ入力，ファイル更新，リスト出力の三つのプ

ロセスで構成したものです.

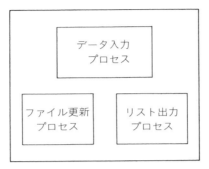

機能分割型のマルチプロセス

この場合, データ入力プロセスで読み込まれたデータをファイル更新プロセスとリスト出力プロセスに同時に渡すことができれば, ファイル更新プロセスとリスト出力プロセスは並行動作が可能になります. また, データ入力プロセスはファイル更新プロセスやリスト出力プロセスの処理終了を待つことなく, 次のデータ処理に進むことが可能です.

## 3 スレッドとは

**2·3**節の「プロセスの生成」のところでも述べますが, オペレーティングシステムにとってプロセスを1つ生成することはアドレス空間の生成を伴うのでかなりの重労働となり, 貴重なシステム資源も消費することになります. 一方で, ワークステーションやパソコンの高性能化が進み, 複数のプロセッサを持つシステムもめずらしくありません. このような背景から生まれたのが**スレッド**(thread)と呼ばれる実行単位です.

スレッドとは, プロセスの中をさらに細分化した実行単位であり, スレッド毎にCPUの割り当てを受けて仕事を進めることができます. 1つのプロセスの中に複数のスレッドを作ることによって複数の仕事を並行して効率よく進めることが可能になります.

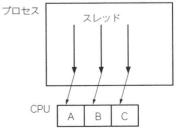

　スレッドは必ず特定のプロセスに所属し，そのプロセスのアドレス空間で活動します．スレッドはプロセスに比べるとはるかに手軽に生成できるので軽量プロセスとも呼ばれます．

　一方で，多くのスレッドが1つのアドレス空間で同時に活動することになるので，スレッドのプログラミングにおいては他のスレッドの影響を十分に考える必要があります．

### 課題　プロセスとスレッド

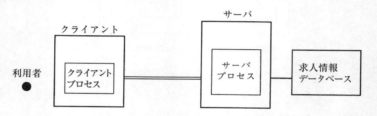

就職活動を支援する上のような求人情報検索システムを考える．

＜前提条件＞

- サーバプロセスが1件の求人情報を検索するのに4秒かかる．
- サーバ機はワークステーションでシングルプロセッサである．
- クライアントは複数台あって，複数の利用者が同時に検索することができる．

(1)　5人の利用者A〜Eが1秒間隔でサーバに検索要求を出す．サーバ側がこの要求をシングルプロセス構造で処理すると5人の利用者の応答時間はどのようになるか．

(2)　サーバ側のプログラムをマルチプロセス構造とし，3つのプロセスで上記の要求を処理すると5人の利用者の応答時間はどうなるか．ただし，プロセスの切り替え等にオーバヘッドが発生するため1プロセス当りの処理時間は5秒になるものとする．

(3)　サーバ側のプログラムをマルチスレッド構造にし，1プロセス3スレッドで処理を行うと（2）に比べてどのような改善が期待できるか．また，マルチスレッド構造をより効果的にするにはハードウェア構成上どのような改善をすればよいか．

# 2·2 プロセスの状態遷移

## ■1 プロセスの活動

　プロセスの活動とは，プログラムに記述された命令を順序よく忠実に実行していくことです．命令を実行するにはCPUが必要になりますし，プリンタや磁気ディスクへの入出力命令は，それらの入出力装置が使用できることが前提になります．一つのコンピュータシステムの中で，たくさんのプロセスが自由に活動している状況では，CPUや入出力装置には多くのプロセスからの使用要求が殺到することが考えられます．オペレーティングシステムは，プロセスから出される使用要求を管理し，それぞれのプロセスの活動ができる限り公平平等に進むように，またシステム全体の効率が向上するように制御します．このような視点からプロセスの活動を考えると，次の四つに分けることができます．

1) CPUを使って命令を実行している状態．
2) 入出力装置を使って入出力動作をしている状態．
3) CPUを使いたいが（他のプロセスが使用中のため）使えない状態．
4) 入出力装置を使いたいが使えない状態．

　A，B，Cの三つのプロセスが一つのコンピュータの中で活動している例を次に示します．

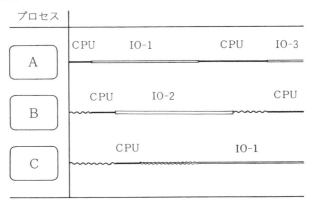

プロセスの活動

ここで，〰〰 は CPU を使いたいけれども使えない状態を，≋≋ は入出力装置を使いたいけれども使えない状態を示します．

## 2　プロセスの状態

オペレーティングシステムは，プロセスの活動を適切に制御するためにプロセスの状態を常に把握しています．プロセスには実行状態，実行可能状態，待ち状態の三つの状態があります．活動中のプロセスは必ずこの三つの状態の中のいずれか一つの状態にあります．そして，プロセスの活動に伴ってプロセスの状態も刻々と変化していきます．

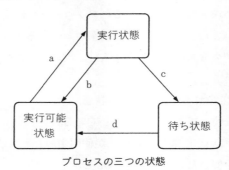

プロセスの三つの状態

### (1)　実行状態 (run state)

プロセスに CPU 使用権が割り当てられ，CPU を使って命令を実行している状態をいいます．コンピュータシステムによっては2台，4台あるいはそれ以上の数の CPU を内蔵しているものもありますが，多くのコンピュータシステムでは CPU は1台です．ある時点で実行状態にあるプロセスの数は，そのシステムに内蔵されている CPU の数を超えることはできません．多くの場合，その数は一つと考えて良いでしょう．

### (2)　実行可能状態 (ready state)

CPU を使う条件は整っているが，他のプロセスが CPU を使用中のため CPU が割り当てられていない状態をいいます．この状態のプロセスは，何も仕事をすることができずにただひたすら CPU が割り当てられるのを待っています．ある時点で実行状態にあるプロセスの数は非常に少ないので，多くのプ

ロセスはこの実行可能状態か次に説明する待ち状態にあることになります.

### (3) 待ち状態（wait state）

プロセスがある**事象**（event）の発生を待っている状態をいいます. プロセスは, その事象が発生するまでは CPU を必要としません. すなわち, CPU を割り当ててもらっても実行するべき仕事がない状態です. 待ち状態の典型的な例は, 磁気ディスクやプリンタなどへ入出力動作を行っているプロセスです. 入出力動作の開始は, CPU が実行する入出力開始命令によりますが, 入出力動作中はチャネルや **DMA**（Direct Memory Access）が入出力装置の制御を行い CPU は関与しません. したがって, 入出力動作中のプロセスは CPU を必要とせず, 待ち状態となります. このプロセスが待っているのは, 入出力動作の完了という事象になります.

### 3 状態の遷移

次にプロセスの状態が遷移する要因について考えます. 状態の遷移は前ページの図に示した 4 本の矢印に沿って起こります. それ以外の遷移（例えば待ち状態から実行状態へのような）は発生しません.

### (1) 実行可能状態から実行状態へ（矢印 a）

実行可能状態のプロセスに CPU 使用権が与えられたときに起こります. オペレーティングシステムは, たくさんの実行可能プロセスの中からある基準に基づいて一つのプロセスを選び, CPU 使用権を与えます. これを**ディスパッチング**（dispatching）といい, オペレーティングシステムの極めて重要な仕事の一つです.

### (2) 実行状態から待ち状態へ（矢印 c）

CPU 使用権を与えられたプロセスは, CPU を使って命令の実行を続けますが, 一般的なプログラムであれば, 磁気ディスクやプリンタへのアクセスが発生して, CPU は入出力開始命令を実行します. この時点でプロセスは待ち状態へと移ります. 待ち状態への遷移の要因は, 入出力開始命令だけではありません. 後に学習する排他制御による資源待ちなどもその要因の一つです.

**(3)　待ち状態から実行可能状態へ**（矢印 d）

　待ち状態のプロセスは，待っている事象が発生すると実行可能状態へ遷移します．入出力動作中のプロセスであれば，入出力動作の完了という事象によって実行可能状態に移り再び CPU の割り当てを受けられる状態になります．

**(4)　実行状態から実行可能状態へ**（矢印 b）

　科学技術計算のプログラムのように処理の大半が CPU を使った複雑な計算で占められ，入出力がほとんど行われないようなプロセスでは，実行状態になるとかなり長時間にわたって CPU を独占してしまう可能性があります．これを避けるために，一つのプロセスが連続して CPU を使用できる時間を決めておきます．これを**タイムスライス**（time slice）といいます．タイムスライスを超えてなお CPU を使おうとするプロセスは，強制的に実行可能状態に戻され，CPU を他のプロセスに譲り渡すことになります．

## 4　プロセスの休止

　生成されたプロセスは，CPU や入出力装置などの資源を使って活動を続けます．しかしやむを得ない事情でその活動を一時的に休止することがあります．プロセスが活動を休止する要因として次の二つが考えられます．

**(1)　プロセスが長時間の待ち状態に入ったとき**

　例えば，プロセスがデータ入力命令を出して端末からのデータの入力を待っているとします．このときプロセスは「待ち状態」にあり，ひたすらデータが入力されるのを待ち続けます．端末オペレータが速やかにデータを入力すれば問題はないのですが，データ入力に手間取ったり，あるいは入力作業を忘れていたりすると，プロセスの「待ち状態」が長時間にわたって続くことになります．UNIX 系の OS では「待ち状態」が 20 秒を超えるとそのプロセスを休止状態とします．

**(2)　システムが過負荷状態に陥ったとき**

　コンピュータシステムは，CPU の性能や主記憶装置の容量などによって，こなすことのできる仕事量には自ずと限界があります．われわれ利用者はこの限界をよくわきまえている必要がありますが，時として能力以上の仕事をコン

ピュータに要求することがあります．オペレーティングシステムは，システム
が過負荷状態と判断すると，活動中のプロセスの中から比較的優先度の低いも
のを選び，そのプロセスを休止状態とします．

　オペレーティングシステムは，休止状態となったプロセスに割り当てていた
主記憶領域を取り上げて他のプロセスが使えるようにします．そしてそのプロ
セスを二次記憶（磁気ディスク）へ追い出します．これを**スワップアウト**
（swap out）といいます．休止状態のプロセスが活動を再開するときは，必要
な主記憶領域が割り当てられて，二次記憶から主記憶へ読み込まれます．これ
を**スワップイン**（swap in）といいます．

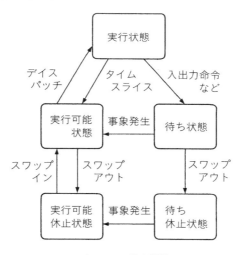

**プロセスの休止状態**

## 課題 プロセスの状態遷移

**(1)** プロセスの状態が変化する様子を図示し，それぞれの状態について説明しなさい．

- 実行状態（Run）
- 実行可能状態（Ready）
- 待ち状態（Wait）

**(2)** 三つのプロセス A，B，C があり，それぞれの活動内容は次のとおりである．

| ・プロセス A | CPU | IO-1 | CPU | IO-2 | CPU |
|---|---|---|---|---|---|
| | 10 | 50 | 10 | 50 | 10 |

| ・プロセス B | CPU | IO-2 | CPU | IO-1 |
|---|---|---|---|---|
| | 20 | 50 | 10 | 50 |

| ・プロセス C | CPU | IO-2 | CPU | IO-1 | CPU |
|---|---|---|---|---|---|
| | 10 | 20 | 60 | 20 | 20 |

これらのプロセスを一つの OS の元で同時に並行して動作させるとき，各プロセスの状態がどのように変化するかを図示しなさい．なお，このシステムはCPU は 1 台で，IO-1 と IO-2 は並行動作が可能とします．

# 2·3 プロセスの生成

プロセスは，コンピュータシステムの中での活動の単位として生成され，活動が終わると消滅します．システム系のプロセスには，コンピュータの電源投入直後に生成され長時間にわたって活動を続けるプロセスもありますが，一般的な利用者のプロセスは，ジョブの開始によって生成されジョブの終了とともに消滅します．

## 1 プロセス生成の方法

プロセスは二つの方法で生成されます．一つはジョブの実行開始時にオペレーティングシステムがプロセスを生成する場合，もう一つは活動中のプロセスが新しいプロセスを生成する場合です．

### (1) ジョブの実行開始

ジョブの実行は，利用者がオペレーティングシステムに指令（コマンド）を与えることによって開始されます．オペレーティングシステムは，磁気ディスク等の二次記憶装置上にある実行形式のプログラムを主記憶装置上に読み込み，それをプロセスとして生成します．

### (2) 子プロセスを作る

活動中のプロセスは，新しいプロセスを作ることができます．

次の図は，活動中のプロセス A がふたつのプロセス B と C を生成したことを示しています．この場合，プロセス A を親プロセス，プロセス B，C を子プロセスと呼びます．ジョブの実行開始のときは，オペレーティングシステムによってただ一つの親プロセスが生成されます．

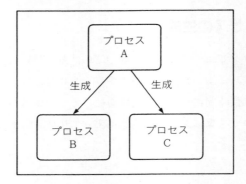

**子プロセスの生成**

　この親プロセスがいくつかの子プロセスを作ることによって，マルチプロセス構造を実現することができます．上の図は一つのジョブがA，B，Cの三つのプロセスで構成されたことになり，これらのプロセスは見かけ上同時並行的に仕事をすることになります．

## 2 アドレス空間と PCB

　プロセスが誕生するということは，コンピュータの中で何が起きているのでしょうか．一言で表現すると，プロセスが活動するために必要な環境作りをしていることになります．プロセスが活動するためには，各種のハードウェア資源を必要とします．資源の割当ては次のように行われます．

● **CPU**

　プロセスの活動に CPU が必要になることはいうまでもありません．CPU は多くのプロセスで共用します．割当ての方法は第3章「プロセスのスケジューリング」で学習します．

● **主記憶装置**

　プロセスの実体である実行形式プログラムを格納する場所として，主記憶装置が必要です．しかし現在では，仮想記憶システムが採用されているので，プログラムよりも小さな容量の主記憶でプロセスを活動させることができます．詳しくは第5章「仮想記憶システム」で学習します．

● 入出力装置

入出力装置は，プロセスから割当て要求（open 命令など）に応じて割り当てます．

オペレーティングシステムは，このような資源の割り当てを円滑に行うために，各プロセスに対応して**アドレス空間**（Address Space）と **PCB**（Process Control Block）を作ります．

## （1）　アドレス空間

実行形式のプログラム全体を配置することができる空間のことをいいます．配置するプログラムには，アドレスがついているのでアドレス空間と呼ばれます．仮想記憶が出現するまでは，アドレス空間は主記憶装置上に限られていましたが，仮想記憶システムでは，主記憶に制約されない論理的なアドレス空間の生成が可能となりました．いずれにしても，オペレーティングシステムがプロセスのアドレス空間を生成し，そこに実行形式のプログラムを配置してはじめてプロセスの活動ができる状態になります．

## （2）　PCB

PCB はプロセスの生成と同時に作成され，プロセスの活動中はプロセスの状態が刻々と記録されます．プロセスに割り当てられている入出力装置もこの PCB によって管理されます．プロセスの活動が終了すると PCB も消滅します．

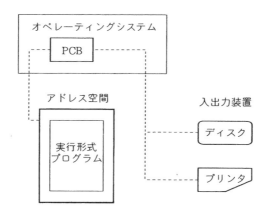

**アドレス空間と PCB**

## 3 UNIX におけるプロセスの生成

　それでは UNIX において，プロセスがどのように生成されていくのかを具
体的に見ていくことにしましょう．UNIX では，現在動いているプロセス
（親プロセス）が fork というシステムコールを発行することで，新しいプロ
セス（子プロセス）を生成することができます．プロセス生成の様子を次の図
に示します．

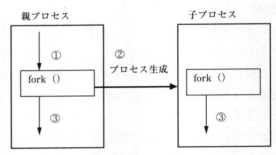

**プロセス生成の様子**

　この図のように親プロセスが fork システムコールを発行することによって
子プロセスが誕生します．生まれた子プロセスの内容は親プロセスとまったく
同じです．すなわち親のコピーが一つ作られたことになります．生まれた子プ
ロセスは fork システムコールの次の命令から（親プロセスと並行して）走り
出します．なお，子プロセスの内容を親のコピーから子供独自のものに変更す
るには exec というシステムコールを使います．このように，UNIX ではいと
も簡単に新しいプロセスを作ることができます．

　fork システムコールの後で，親子を判定することができれば親と子で処理
内容を変えるようにプログラムをすることができます．親子の判定は fork シ
ステムコールの戻り値を使って次のように行います．

　　　　j = fork () ;

　ここで j＞0 なら自分は親プロセス，j＝0 なら自分は子プロセス，もし
j＝ −1 であれば何らかのエラーによりプロセスの生成に失敗したことになり
ます．

## 4 リエントラント構造

　プロセスには，アドレス空間と PCB が必要なことは前節で説明した通りです．さて，高性能のワークステーションでは，多くのプロセスが同時並行的に活動を行います．例えば，10 人の学生がほぼ同時に，C 言語のコンパイルを始めたとすると，C コンパイラのプロセスが 10 個生成され，10 個のアドレス空間と 10 個の PCB が作られます．このように，同じ処理内容の複数のプロセスを効率よく実現するために**リエントラント構造**（re-entrant structure ; **再入可能構造**）が用いられます．

　次図に示すようにリエントラント構造では，複数のアドレス空間に存在するプロセスを一つのプログラムで実現することができます．ただし，プログラムのデータ部分はアドレス空間の数だけ必要になります．プログラムの命令部分はプログラムの実行中に変化しないので複数のプロセスからの共用が可能です．これによって使用する主記憶装置の容量を大幅に削減することができます．

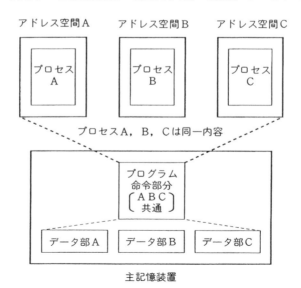

リエントラント構造

### 課題　プロセスの生成

　UNIX では，fork()システムコールを用いて実行中のプロセス（親プロセス）が新しいプロセス（子プロセス）を生成することができます．

　次の簡単なプログラムについて設問に答えなさい．

```
#include   <unistd.h>
main()
{
 int  i,j;
 printf("program start");
 j = fork();
 if(j>0)
    {
       printf("parent-1");
       sleep(5);
       printf("parent-2");
       sleep(5);
       printf("parent-3");
    }
 if(j==0)
    {
       printf("child-1");
       sleep(8);
       printf("child-2");
    }
}
```

　**(1)** 親プロセス（はじめにコマンドで起動したプロセス）の処理内容を説明しなさい．

　**(2)** 子プロセス（fork システムコールで生成されたプロセス）の処理内容を説明しなさい．

　**(3)** このプログラムを実行したとき，画面にはメッセージがどのような順序で表示されることになるか示しなさい．

（注）sleep (5)；は5秒間プログラムが休眠する命令です．

# 2·4　プロセスの排他制御

　マルチプログラミングの環境では，オペレーティングシステムのもとで複数のプロセスが同時に並行してそれぞれの活動を行います．各プロセスの活動が全く独立していてお互いに関係がなければ問題は生じません．しかし，実際には一つのファイルを複数のプロセスがアクセスをしたり，プロセス間でデータのやりとりをする必要が生じます．ここではまず，ファイルなどの資源に対して複数のプロセスがアクセスを行うことによって発生する問題を考えます．

## 1　ファイルの更新処理

　二つのプロセス A，B がファイルの更新処理を行うものとします．

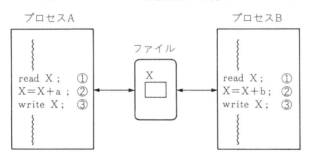

ファイルの更新処理

　プロセス A はファイルの項目 x の値を読んでそれに a を加え，結果を x に書き出します．プロセス B は項目 x の値を読んでそれに b を加え，結果を x に書き出します．すなわち，プロセス A はファイルの項目 x の値を+a し，プロセス B は項目 x の値を+b していることになります．いま，プロセス A とプロセス B が同時に並行して実行している状況を考えると，両プロセス実行終了後の項目 x の値は実行前よりも a+b だけ増えていなければなりません．これを次の三つのケースで検証してみます．プロセス A，B は見かけ上同時に実行していますが，一つ一つの命令は一台の CPU で順番に実行されます．

＜ケース１＞　命令の実行順序　A①　→　B①　→　A②　→　B②　→　A③　→　B③

　この場合，実行終了後の x の値は＋b されるだけで正しい結果にはなりません．

＜ケース2＞　命令の実行順序　A① → A② → B① → B② → B③ → A③

　この場合も，実行終了後の x の値は ＋a されるだけで正しい結果にはなりません．

＜ケース3＞　命令の実行順序　A① → A② → A③ → B① → B② → B③

　この場合は，実行終了後の x の値は ＋(a＋b) されて正しい結果が得られます．


　ケース1，ケース2の問題点は，ファイルの項目 x を読み込むタイミングにあります．プロセスBの読込み命令B①は，プロセスAの書出し命令 A③の後に実行しないと意味がありません．このルールを守らないと，どちらかのプロセスの処理が無視されてしまいます．ケース3は，このルールが守られているので正しい結果が得られたことになります．


## 2　排他制御

　複数のプロセスから使用される資源のことを**共用資源**（shared resource）といいます．共用資源の典型的なものはファイルやデータベースですが，メモリ上に展開されたデータを複数のプロセスからアクセスをする場合もあります．プロセスが共用資源にアクセスをする際には，前述のルールを守る必要があります．共用資源をアクセスするプロセスに対して，命令の実行順序を守って正しい結果が得られるようにプロセスの動きを制御することを**排他制御**（exclusive control）といいます．排他制御を実現するために，次の二つの命令が用意されています．

　・資源の占有命令
　・資源の解放命令

これらの命令を前述のファイル更新プロセスに適用すると，次のようになります．

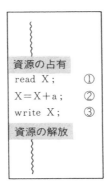

**排他制御の実現**

　プロセスにこの二つの命令を書いておけば，あとはオペレーティングシステムが排他制御を実現してくれます．資源の占有命令と資源の解放命令に囲まれた部分を**きわどい部分**（critical section）といいます．オペレーティングシステムはあるプロセスがきわどい部分を実行中のときは，他のプロセスには決してきわどい部分の実行をさせないようにします．すなわち，あるプロセスが共用資源にアクセスを行っているときは，他のプロセスの共用資源へのアクセスを一切排除します．こうすることによって，きわどい部分の命令の実行が複数のプロセス間で交差することがなくなり，常に正しい結果が保証されることになります．

**3　デッドロック**

　複雑な業務処理になると，一つのプロセスが複数の共用資源を同時に占有する必要が生じます．次の図はプロセス A，B が共用資源 1，2 を使用して処理を行う様子を示しています．

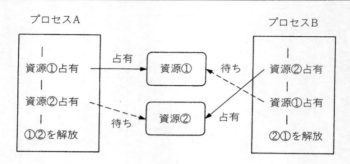

**デッドロックの発生**

　この例では，プロセス A は資源①，資源②の順で資源を占有し①，②を同時に解放しようとします．プロセス B は資源②，資源①の順で占有し，やはり同時に解放しようとします．いま，占有命令の実行順序が

　　　　A の資源① → B の資源② → A の資源② → B の資源①

の順で実行されたとします．プロセス A の資源②に対する占有命令は，資源②がプロセス B に占有されているためすぐには成功せず，資源②が解放されるまで待たされます．同様な理由で，プロセス B の資源①に対する占有命令も成功せず，プロセス B も待たされます．両プロセスが相手の解放命令を待っているのですから，この待ち状態は永久に解けません．すなわち両プロセスは身動きがとれない状態に陥ってしまうわけです．このような状態のことを**デッドロック**（deadlock）といいます．ひとたびデッドロックが発生すると，プロセスの活動が停止してしまうのですからきわめて恐ろしい現象であり，デッドロックの発生は未然に防止しなければなりません．

**課題**　**プロセスの排他制御**

　下のオンライン在庫管理システムに関する次の記述をよく読んで問(1)，(2)に答えなさい．

　オンラインシステムにおいては，複数の端末から同時に同一のレコードをアクセスする場合がある．例えば，2つの端末から同時にアクセスがあった場合，一方または両方が，そのレコードを参照するだけのときは論理的矛盾を生じないが，両方が更新するときは論理的矛盾を生じることがある．

　例えば，在庫管理システムにおいて，同時アクセスが発生する前の状態で，レコードの内容が在庫台数 100 台であったとする．端末 1 からは 70 台の出荷情報が，端末 2 からは 80 台の入荷情報が，それぞれ入力された場合，正しく処理されれば在庫台数は差し引き 110 台になるはずであるが，次のような結果になることがある．

　端末 1 から 70 台という出荷情報に対して，

①　該当レコードをファイルから読み込む（I 1）

②　在庫台数を計算する（この場合は 100 − 70 = 30）（P 1）

③　結果を書き込む（O 1）

という処理が行われる．ところが，③の書込み処理（O 1）の前に，端末 2 からの 80 台という入荷情報に対して

④　レコードの読込み（I 2）

が行われ，その後③（O 1）の処理が行われ，次に

⑤　I 2 の在庫台数計算（この場合は 100 + 80 = 180）（P 2）

⑥　書込み処理（O 2）

の処理が行われると，結果として在庫台数は正しく更新されないことになる．

　(1) テキスト p.32 の図を参考に，この問題をわかりやすく図示しなさい．

　(2) 次の 3 つのケースについて，プログラム内の変数とファイルの在庫台数がどのように変化するのかを示しなさい．

　　　＜ケース 1＞　I 1→P 1→I 2→O 1→P 2→O 2．

　　　＜ケース 2＞　I 1→P 1→I 2→P 2→O 2→O 1．

　　　＜ケース 3＞　I 1→P 1→O 1→I 2→P 2→O 2．

# 2·5　セマフォの仕組み

　排他制御を実現するための代表的なアルゴリズムとして，**セマフォ**（sema-phore）があります．セマフォとは，地方のローカル線で見られる腕木信号機のことで，列車を安全に運行するには，信号機と信号機の間にはただ一つの列車しか進入させないという考え方がこのアルゴリズムの根底にも流れています．提唱者は，オランダの数学者 Dijkstra（ダイクストラ）で UNIX 系の OS を中心に幅広く採用されています．

## ■ 1　セマフォによる排他制御の実現

　セマフォのアルゴリズムは，オペレーティングシステムの中に組み込まれているので，利用者プログラムは，システムコールと呼ばれる OS 呼び出し命令を使ってオペレーティングシステムにアルゴリズムの実行を依頼することになります．システムコールの具体的な書き方は，それぞれの OS の解説書に譲ることとして，ここでは一般的な機能の説明をします．

### （1）　セマフォ制御ブロック

　排他制御の対象となる共用資源の状態をオペレーティングシステムが管理するために必要な情報が格納されます．セマフォ制御ブロックは，共用資源と一対一対応で確保しなければなりません．セマフォ制御ブロックに含まれる変数のうち重要なものを説明します．

**・セマフォ変数 s**

　共用資源の状態を示します．s の値の意味は次の通りです．

　　s ＝ 0　　共用資源はあるプロセスに占有使用されている．

　　s ＝ 1　　共用資源は空いている．（使用中のプロセスはない）

　セマフォを排他制御のために使う場合は，s の値は 0 か 1 のどちらかになります．このようなセマフォを 2 進セマフォといいます．なお，セマフォは汎用的なアルゴリズムとして実現されているのでプロセス間の同期など排他制御以外の用途にも使うことができます．

**・セマフォ待ち行列 q**

　共用資源を使いたいプロセスが行列を作って自分の番を待ちます．q の値は待っているプロセスの数を示します．

**(2)　セマフォ操作命令**

　利用者のプログラムからオペレーティングシステムに対して共用資源の占有と解除を通知する命令です．

・**P（s）命令**　　共用資源 s をこれから占有使用することを宣言します．

・**V（s）命令**　　共用資源 s の占有使用が終了したことを宣言します．

　利用者プログラムでは，この二つの命令を共有資源を占有すべき部分，すなわちきわどい部分の前後に書かなければなりません．利用者プログラムとオペレーティングシステムの関係を図示すると，次のようになります．

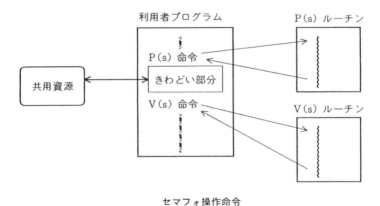

セマフォ操作命令

## 2 セマフォの基本構造

　共用資源を占有する P（s）ルーチンと共用資源を解放する V（s）ルーチンは，オペレーティングシステムの中のサービスルーチンとして実現されています．この二つのルーチンの機能とアルゴリズムについて考えてみましょう．

**(1)　P（s）ルーチン**

　まず，セマフォ変数 s の値を調べて共用資源を使用中のプロセスがあるか否かを判断します．使用中のプロセスがないときは，P（s）命令を出したプロセスに共用資源の使用を許可します．使用中のプロセスがあるときは，P（s）命

令を出したプロセスを休眠状態にして，セマフォ待ち行列の最後につなぎます．
このセマフォ待ち行列とは共用資源の占有使用を待っているプロセスの行列の
ことです．

### (2)　V(s)ルーチン

　共用資源の使用が終了したことをセマフォ変数 s に設定して，V(s) 命令
を出したプロセスにはすぐに戻ります．それからセマフォ待ち行列を調べて共
用資源の使用を待っているプロセスがあれば，行列の先頭のプロセスを目覚め
させます．このプロセスはP(s) 命令で休眠させられていたプロセスですか
ら，眠りから覚めて共用資源の使用が許されきわどい部分の処理に進むことが
できるようになります．

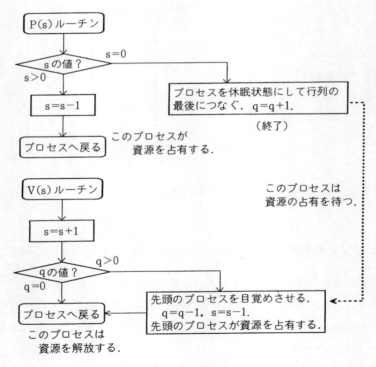

**セマフォのアルゴリズム**

# 課題 セマフォの仕組み

3つのプロセスA，B，Cはファイル X の更新処理のため，セマフォによる排他制御を行っている．更新処理の直前に占有命令（P），直後に解放命令（V）を実行する．3つのプロセスは同時に処理を開始し，A は4秒後，B は6秒後，C は7秒後に占有命令（P）を実行する．更新処理にかかる時間はどのプロセスも4秒である．

(1) P命令と V 命令の流れ図を書いて，次の 1〜6 の処理の流れを書き込みなさい.

 1. AのP命令

 2. BのP命令

 3. CのP命令

 4. AのV命令

 5. BのV命令

 6. CのV命令

(2) 上記の 1〜6 の終了時点における，セマフォ制御ブロック内の状態を次の表にまとめなさい.

| No | 命　　令 | s の値 | q の値 | 待ち行列の状態 |
|---|---|---|---|---|
| 0 | 初期状態 | s＝1 | q＝0 | ■― |
| 1 | AのP命令 | | | |
| 2 | BのP命令 | | | |
| 3 | CのP命令 | | | |
| 4 | AのV命令 | | | |
| 5 | BのV命令 | | | |
| 6 | CのV命令 | | | |

## 2・6　プロセス間の同期

　一つの仕事をいくつかのプロセスで役割分担をしながら進めるとき，プロセス間で互いに連絡を取り合う必要が生じます．例えばプロセスAは入力されたデータのエラーチェックを行い，プロセスBはエラーチェック済みのデータを用いてデータベースの更新を行うとします．すると，プロセスBはプロセスAのエラーチェックが完了してからでないと自分の仕事を始めるわけにはいきません．このように，異なるプロセスがある種のタイミングを合わせる目的で連絡を取り合うことを，プロセス間の**同期**（synchronization）といいます．

### ■１　事象の発生と待ち合わせ

　プリンタへの出力作業を専門に行う出力プロセスを考えます．一般のユーザプロセスは通常その実行結果をプリンタに出力しますが，ユーザプロセス自身が直接プリンタを制御することはせず，出力専門のプロセスに作業を依頼するのが普通です．この様子を図示すると次のようになります．

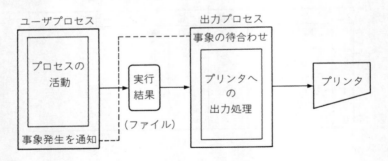

**プロセス間の同期**

　ユーザプロセスはプロセス本来の活動が終わり，実行結果が中間ファイルにでき上がった時点で「プリンタへ出力するファイルができた」ことを出力プロセスに通知します．出力プロセス側は，この通知が届くまではやるべき仕事がないわけですから，通知が届いたことを確認してからプリンタへの出力処理を

始めることになります．このように，プロセス間で同期を取る際の決め手となる事柄のことを**事象**（event）といいます．事象の内容はそれぞれのプロセスの活動内容によってさまざまですが，いずれにしてもあるプロセスが事象の発生を通知し，別のプロセスが事象の待ち合わせをすることでプロセス間の同期が実現されていることになります．

　プロセス間の同期は，必ずしも1対1で行われるとは限りません．事象の発生を通知するプロセスがn個で事象を待ち合わすプロセスが1個の場合，あるいは通知プロセスがn個で待ち合わせプロセスがk個のようなやや複雑な場合もあります．ここでは，三つのユーザプロセスから出されたプリンタへの出力依頼を1つの出力プロセスがさばいている様子を図示しておきます．

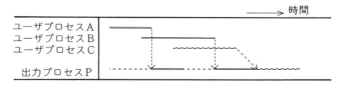

**同期による処理の流れ**

　出力プロセスの ········ は仕事がなくて遊んでいる状態，すなわち事象の発生を待っている状態です．また，ユーザプロセスCが事象の発生を通知した時点で出力プロセスはユーザプロセスBの出力処理中であり，まだ事象を待ち合わせる態勢にはなっていません．したがってユーザプロセスCの出力は，出力プロセスの事象を待ち合わす命令が実行されるまでしばらく待たされることになります．

## 2 セマフォによる同期の実現

　プロセス間の同期もセマフォを用いることで実現できます．排他制御のときと同様にセマフォ変数sとセマフォ待ち行列qが重要な意味を持ちます．P（s）命令が事象の発生を待ち合わせる命令として，V（s）命令が事象の発生を通知する命令として使われます．そして，一つのプロセスが複数のプロセスからの通知を待ち合わせたり（多重待ち合わせ），複数のプロセスに一斉に事象

の発生を通知するために，セマフォオペレータ OP を指定します．

**・セマフォ変数 s**

　発生した事象の中で，プロセスによってまだ処理されていない事象の数を示します．前ページの図でユーザプロセス C の出力が出力プロセス P の処理を待っている間は s ＝ 1 になっています．それ以外は s ＝ 0 になります．セマフォをプロセス間の同期に使うと，セマフォ変数 s は 0 か正の整数値をとります．このようなセマフォを計数セマフォと呼びます．

**・セマフォ待ち行列 q**

　事象待ち命令を出して事象の発生を待っているプロセスの行列で，q の値は待っているプロセスの数を示します．

**・P（s）命令**

　事象の発生を待ち合わせる命令として P（s）命令を使います．セマフォオペレータ OP は負の値を取り，その絶対値が待ち合わせる事象の数を示します．例えば，OP ＝ −3 の P（s）命令によって，次の図のように 3 つの事象を待ち合わせることができます．

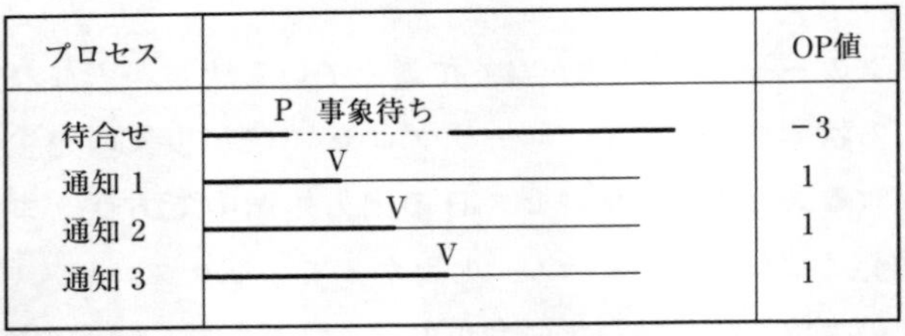

| プロセス | | OP値 |
|---|---|---|
| 待合せ | P　事象待ち | − 3 |
| 通知 1 | V | 1 |
| 通知 2 | V | 1 |
| 通知 3 | V | 1 |

**・V（s）命令**

　事象の発生を通知する命令として V（s）命令を使います．セマフォオペレータ OP は正の値を取り，その絶対値が事象を通知するプロセスの数を示します．

**3　セマフォのアルゴリズム**

　セマフォの基本的な仕組みについては 39 ページの図で説明しましたが，これはセマフォを排他制御に利用する場合を例に分かりやすく説明したものです．実際のアルゴリズムは多重待合わせなどの複雑な同期処理にも対応できるよう

に設計されています. そのアルゴリズムを次に示します.

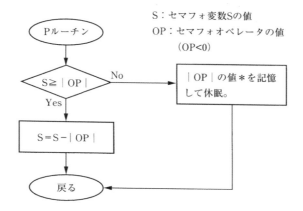

S：セマフォ変数Sの値
OP：セマフォオペレータの値
（OP<0）

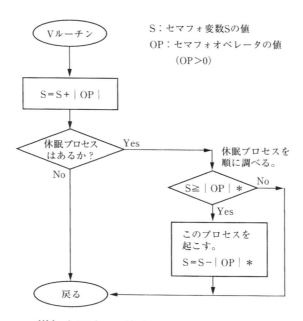

S：セマフォ変数Sの値
OP：セマフォオペレータの値
（OP>0）

（注）｜OP｜＊：休眠するときの｜OP｜の値

# 4 プロセッサ間の同期

　ユーザプロセス間での同期は，セマフォを用いて実現することができます．しかし，オペレーティングシステム内でもさまざまな状況で同期の必要が生じます．特に，マルチプロッセサシステムでは，同時に複数の処理がハードウェアで実現されてしまいます．オペレーティングシステムにとってのきわどい部分，例えば割込み処理ルーチンなどの実行中は，他のいかなる処理も実行させることはできません．このようにオペレーティングシステムレベルでプロセッサ間の同期などに用いられるのが**スピンロック**（spin lock）と呼ばれるメカニズムです．スピンロックはハードウェアの**テストアンドセット**（test and set）命令を用いて次のように実現されます．

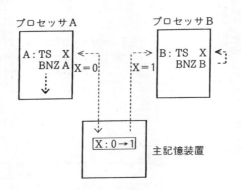

スピンロックのメカニズム

　テストアンドセット命令は，主記憶上の指定された領域 X の値（0 または1）をテストします．一般のテスト命令と違うのは，X = 0 であればプログラムにはテスト結果として0を返しますが，同一命令サイクル内で主記憶上のX の値を1にセットします．X = 1 であればプログラムには1を返し，X の値は変化しません．スピンロックを実現するには，きわどい部分に入るところでテストアンドセット命令でX の値をテストし，X = 0 が返ればきわどい部分に入ります．X = 1 が返ってくる間はテストアンドセット命令を繰り返し実行しX = 0 が返るのを待ちます．そして，きわどい部分から脱出するときにX = 0 にします．

　複数のプロセッサでほぼ同時にテストアンドセット命令が実行されても，プログラムに 0 が返ってきわどい部分に進入できるのは一つだけで，他のプロセッサはテストアンドセット命令によって 1 にセットされた X の値を読み込むので，きわどい部分に入ることはできません．このようにしてプロセッサ間の同期が実現できます．なおこの方法では，きわどい部分に進入できるまでテストアンドセット命令を繰り返し実行します．これは CPU の浪費にほかなりません．スピンロックによる同期は，オペレーティングシステム内のごく限られた範囲で用いられるもので，ユーザプログラムで安易に使用することはできません．

## 課題　プロセス間の同期

　3 つのプロセス A，B，C の依頼を受けてプロセス X がプリンタ出力を行う．プロセス A，B，C は事象の発生を通知する V 命令を，プロセス X は事象を待ち合わせる P 命令を実行する．4 つのプロセスは同時に処理を開始し，A は 6 秒後，B は 8 秒後，C は 15 秒後に V 命令を出す．プロセス X は処理開始直後とプリンタ出力が終わり次第 P 命令を出して次の処理に備える．プリンタ出力時間はどのプロセスの出力も 4 秒である．

　(1) P 命令と V 命令の関係がわかるように 4 つのプロセスの動きをタイムチャートで示しなさい．また，セマフォ変数 s とセマフォ待ち行列 q の値がどのように変化するかを示しなさい．

　(2) 同期処理に用いられる P 命令と V 命令の役割を説明しなさい．

　(3) プロセス X の仕様を変更し，プロセス A，B，C の出力依頼が出揃った時点でまとめてプリンタ出力を行うようにする（多重待ち合わせ）．この場合のタイムチャートを図示し，セマフォ操作命令（P 命令）をどのように書けば良いか答えなさい．

# 2·7　プロセス間の通信

　ローカルエリアネットワーク（LAN）で接続されたコンピュータ間で，あるいは遠隔地にあるコンピュータとの間で，プロセス同士が情報交換を行うことを**プロセス間通信**（Inter Process Communication : **IPC**）といいます．最近注目を集めている**クライアントサーバシステム**（client server system : CSS）は，複数のコンピュータ（プロセス）が協力をして一つの仕事を遂行しようとするもので，プロセス間通信の典型的な応用事例といえます．オペレーティングシステムが提供するプロセス間通信の機能について学習します．

## ■1 OS のネットワーク機能

　応用プログラムがプロセス間通信を実現できるように，オペレーティングシステムはさまざまな機能を提供します．プロセス間通信の実現に必要な機能を図に示すと，次のようになります．

**（1）伝送制御機能**

　いわゆる伝送制御手順で隣接するコンピュータ間でのデータ伝送を制御します．広域ネットワークでは HDLC 手順，ローカルエリアネットワークでは **CSMA/CD**（carrier sense multiple access/collision detection）がよく用いられます．

**（2）ネットワーク機能（TCP/IP）**

　インターネットの急速な普及で世界中のどのコンピュータとでも簡単に接続して情報の交換ができるようになりましたが，このインターネットを支えて

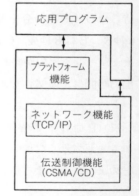

**通信に必要な機能**

いるプロトコルが TCP/IP で，事実上の国際標準として広く利用されています．TCP/IP は次の二つのプロトコルから構成されています．

・**IP**（Internet Protocol）

　メッセージをパケット（小包のようなもの）に分解して，それぞれのパケットを最終的な目的地まで送り届け，目的地では到着したパケットを組み立てて

元のメッセージに戻します．目的地までの行き方は様々な経路がありますので経路選択も IP の重要な機能の一つです．目的地のコンピュータを識別するためにインターネットアドレス（IP アドレス）と呼ばれる 32 ビットのアドレスが用いられます．インターネットに接続されているコンピュータは，原則として世界で唯一の IP アドレスを持っていることになります．IP アドレスを表現するときは 32 ビットを 8 ビットごとの 4 つのパートに分け，各パートを最大3 桁の 10 進数で表記します．　**例**：IP アドレスの表記　　202・234・54・91

　なお，インターネットで接続相手を指定するには「//www.iwasaki.ac.jp」のような **URL**（Uniform Resource Locator）がよく用いられますが，これは **DNS**（Domain Name Server）と呼ばれるシステムによって IP アドレスに変換されます．

**・TCP**（Transmission Control Protocol）

　IP によって最終目的地のコンピュータまで届けられたメッセージは，TCPによってコンピュータ内の指定されたプログラムに渡されます．これで始めてお互いの情報交換が可能になります．コンピュータの中には通常多くのプログラムが動いていますから，プログラムを識別するためにポート番号と呼ばれる番号（正の整数）が使われます．なお，ポート番号のうち特に若い番号はあらかじめシステムで予約されているものがありますから，使用する際には注意が必要です．TCP のもう一つの重要な機能は情報の交換を始める前に，お互いのプログラムが通信できる状態にあることを確認し合うことです．これを論理的な経路の確立といい，その手順は 52 ページの図に示す通りです．一度経路が確立されると，これは両者にとっての専用の通信路となり，誰にも邪魔されることなく安心して情報の交換ができるようになります．

（3）　**プラットフォーム機能**

　プロセス間通信の応用プログラムを効率よく開発できるように，オペレーティングシステムは便利な機能を提供しています．これをプラットフォーム機能と呼びます．応用プログラムは，プラットフォーム機能を用いることで TCP/IPを直接利用するよりもより効率的な開発が可能となります．代表的なプラットフォーム機能は，次の通りです．

・**NFS**（Network File System）

主として UNIX 系のネットワークで採用されており，リモートコンピュータのファイルシステム（ディレクトリやファイルの集まり）を，自分のコンピュータに論理的に結合することで，ネットワークを意識せずにリモートコンピュータをアクセスすることができるようになります．

• **NIS**（Network Information Service）

ユーザ id やパスワードなどネットワーク利用者のセキュリティ情報を決められた一つのコンピュータで一括管理するシステムです．この機能によって，利用者の登録や更新の作業を決められたコンピュータ上で実施すれば，その結果はネットワークで接続された全てのコンピュータに反映されます．

• **FTP**（File Transfer Protocol）

TCP/IP（ソケットインタフェース）の上に構築されたファイル転送用のプロトコルです．簡単なコマンドを送信するだけでリモートコンピュータ上のファイルを自在に取り扱うことができます．

• **HTTP**（Hyper Text Transfer Protocol）

やはり TCP/IP（ソケットインタフェース）の上に構築されたプロトコルで，インターネットで盛んに使われている HTML（Hyper Text Markup Language）の送受信に関するプロトコルです．WWW のブラウザとサーバの間はこのプロトコルで情報の送受信が行われます．

• **RPC**（Remote Procedure Call）

TCP/IP の上位プロトコルでリモートコンピュータ上にあるプログラムモジュールをあたかも自分のコンピュータ上にある関数を呼び出すようなインタフェースで実行させることができます．利用者はネットワークに関する細かな設定を意識することなくプログラムを作ることができます．

• **ODBC**（Open Database Connectivity）

データベース検索型のクライアントサーバシステムに用いられるプロトコルで，クライアントからデータベースの検索命令（SQL 命令）を送信すると，サーバはデータベースの検索処理を実行し，結果をクライアントに返します．

このプロトコルを利用すると，サーバ側はほとんどプログラム開発をせずにシステムの構築が可能になります．ODBC は RPC の上位プロトコルとして実現されています．

## 2 クライアントサーバシステム（CSS）

　ネットワークで接続された複数のコンピュータ上に存在するプロセスが，互いに連絡を取りながら適切な役割分担の上で一つの仕事を行うシステムを，クライアントサーバシステム（CSS）といいます．クライアントサーバシステムの実現にプロセス間通信機能が必要なことはいうまでもありません．ローカルエリアネットワーク（LAN）におけるクライアントサーバシステムの例を次に示します．

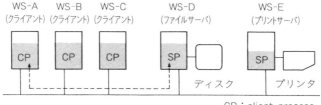

CP：client process
SP：server process

**クライアントサーバシステム**

　LAN の特徴の一つに，大容量ディスクや高性能プリンタなどの資源を多くの利用者が共有できることにあります．例えば，ワークステーション A の利用者がワークステーション D のデータベースを検索したり，ワークステーション E のプリンタにレポートを出力したりします．これを実現するために，ワークステーション A のプロセスとワークステーション D のプロセスが協力して，データベースの検索という一つの仕事を成し遂げます．この場合，ワークステーション A のプロセスは，利用者からの要求をワークステーション D のプロセスに依頼すればよく，このようなプロセスをクライアントプロセスといいます．ワークステーション D のプロセスは，依頼された仕事を実行して結果を依頼元に返します．このようなプロセスをサーバプロセスといいます．すなわち，サービスを依頼するプロセスがクライアントプロセス，サービスを提供するプロセスがサーバプロセスになります．サーバプロセスには，そのサービスの内容によってファイルサーバ，データベースサーバ，プリントサーバ，コミュニケーションサーバ，ディスプレイサーバ，コンピューティングサーバなどがあります．

## 3　TCP/IP による論理経路の確立

　TCP/IP を用いてプロセス間通信を実現するために**ソケット**（socket）**インタフェース**が用意されています．これは，TCP/IP が提供するネットワーク機能を C 言語の応用プログラムから利用するための一つのインタフェースと考えられます．

　ここでは，ソケットによるプロセス間通信において，論理的な経路が確立されていく様子を見ていくことにします．

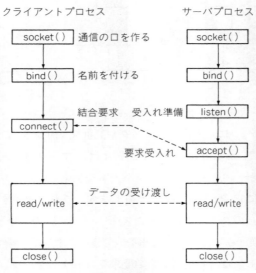

**ソケットによるプロセス間通信**

　通信を行おうとするプロセスは，まず socket 命令で通信のための口を作ります．そして bind 命令で自分のプロセスに名前を付けます．名前には IP が識別するネットワークアドレスとホストコンピュータのアドレス，そして TCP が識別するプロセスの番号が含まれます．サーバプロセスは，listen 命令でクライアントからの結合要求を受け入れる準備をします．具体的には，複数の結合要求がほぼ同時に発生したときに，それらの結合要求を順序よく待たせておく場所（待ち行列）を用意します．クライアントプロセスは connect

命令によってサーバに結合要求を出します．結合要求は，サーバ内の待ち行列
で自分の順番がくるのを待ちます．サーバプロセスは，accept 命令で待ち行
列から結合要求を取り出してそれを受け入れます．

　以上で，クライアントとサーバの結合が完了し，データの送受信ができる状
態となります．

# 2章　演習問題

**2-1**　タスク管理に関する次の記述中及び図中の ▢ に入れるべき適切な字句を，解答群の中から選べ．解答は重複して選んではならない．

図はオペレーティングシステムのタスク管理機能によるタスクの状態遷移を表したものである．

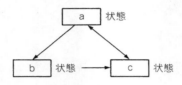

図　タスクの状態遷移

▢a▢ 状態にあるタスクは，▢d▢ などを発生すると，他のタスクに▢e▢ を渡して ▢b▢ 状態となる．その後実行の条件が整うと，タスクは ▢c▢ 状態となる．オペレーティングシステムは，タスクの ▢f▢ に従ってスケジューリングを行うので，▢c▢ 状態のタスクはいったん待ち行列に入れられ，▢e▢ を割り当てられたときに ▢a▢ 状態となる．タイムスライス方式において，与えられた CPU 時間を消費したタスクは，▢a▢ 状態から ▢c▢ 状態に移され，再び ▢e▢ の割当てを待つ．タスク管理機能には，このほかに，タスクの生成や消滅，タスク間の ▢g▢ なども含まれる．

＜a～cに関する解答群＞

　　ア　事象待ち　　　　イ　実行　　　　ウ　実行可能　　　エ　登録
　　オ　入出力　　　　　カ　優先

＜d～gに関する解答群＞

　　ア　CPU 使用権　　イ　記憶保護　　ウ　主記憶　　　　エ　ジョブ制御
　　オ　スワッピング　　カ　同期　　　　キ　入出力要求　　ク　補助記憶
　　ケ　優先順位　　　　コ　リアルタイム制御

【解答】

a. イ 実行　　　　　　　　b. ア 事象待ち
c. ウ 実行可能　　　　　　d. キ 入出力要求
e. ア CPU 使用権　　　　f. ケ 優先順位
g. カ 同期

解説

　プロセスの状態遷移に関する基礎的な問題です．次の状態遷移図が理解できれば比較的簡単に解ける問題です．

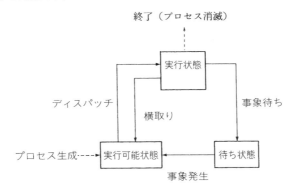

2-2　プログラムの構造に関する次の記述中の　　　　に入れるべき最も適切な字句を，解答群の中から選べ．

(1)　あるタスクが実行しているプログラムを，他のタスクが同時に実行できるようになっている場合，そのプログラムを　a　であるという．このプログラムの構造は，　b　と　c　とを分離して，　c　を各タスクごとに別々の記憶領域に確保するものである．

(2)　あるタスクで使用したプログラムを，他のタスクでも繰り返し使用できる（ただし，同時には一つの処理要求だけ受け付けられる）場合，そのプログラムを　d　であるという．ほとんど同時に発生した複数の処理要求を正常に受け付けるために，普通　e　を設ける．プログラムの中の実行中に変更された部分は，呼び出しタスクに戻る前か，処理を始める前に初期状態にしなければならない．

(3)　一つの手続きやサブルーチンの中で自分自身を呼び出して使うことができるサブルーチンを，　f　であるという．　f　な処理のために

　　　　　は，実行途中の状態を　　g　　方式で制御する．

　　＜a，d，f に関する解答群＞
　　　　ア　再帰的（recursive）　　　　　　イ　再使用可能（reusable）
　　　　ウ　再入可能（reentrant）　　　　　エ　再入点（reentry point）
　　　　オ　再配置可能（relocatable）
　　＜b，c，e，g に関する解答群＞
　　　　ア　後入れ先出し(last-in first-out)　イ　先入れ先出し(first-in first-out)
　　　　ウ　手続き部　　　　　　　　　　　エ　データ部
　　　　オ　待ち行列　　　　　　　　　　　カ　LRU（least recently used）

## 【解答】

a.　ウ　再入可能（reentrant）

b.　ウ　手続き部

c.　エ　データ部

d.　イ　再使用可能（reusable）

e.　オ　待ち行列

f.　ア　再帰的（recursive）

g.　ア　後入れ先出し

## 解説

　プログラムの構造に関する問題です．特にリエントラント構造の特徴をしっかりと理解しておく必要があります．また，リカーシブ構造も多くの分野で使われています．

（1）再入可能（リエントラント）構造

　プログラムの実体は一つしか存在しないが，複数の仕事（プロセス）を同時に実行できる構造をいいます．命令部とデータ部を分離し，命令部は一つの実体を多くのプロセスで共用しますが，データ部はプロセスの数だけ必要になります．

（2）再使用可能構造

　同時には一つの仕事しか実行できないが，終了すれば次の新しい仕事を実行できる構造です．

（3）再帰的（リカーシブ）構造

　関数やサブルーチンで自分自身を呼び出すことができる構造をいいます．

2-3　マルチプログラミングに関する次の記述を読んで，設問中の □ に入れるべき適切な字句を，解答群の中から選べ．解答は重複して選んでもよい．

　　それぞれ三つの手続きからなる互いに独立した二つのプログラムP及びSがある．この二つのプログラムは，マルチプログラミングの環境下で，共通領域内の変数Xの値を図に示すような手続きP1〜P3及びS1〜S3で更新する．

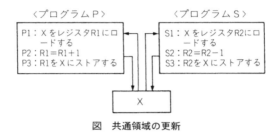

〈プログラムP〉
P1：XをレジスタR1にロードする
P2：R1＝R1＋1
P3：R1をXにストアする

〈プログラムS〉
S1：XをレジスタR2にロードする
S2：R2＝R2−1
S3：R2をXにストアする

X

図　共通領域の更新

［条件］

(1)　領域Xは，この二つのプログラムだけから更新される．

(2)　CPUは1台とし，ある時点では手続きのいずれか一つだけが実行される．

(3)　実行中のプログラムの制御権は，各手続きの終了した時点でだけ，もう一方のプログラムに渡すことができる．

(4)　プログラムP及びSは，一度だけ実行される．

(5)　領域Xの内容は，固定小数点数であり，演算も固定小数点で行われる．演算結果は，あふれなどはなく正常に行われるものとする．

［設問］

　　このようなマルチプログラミング環境下で，共通領域を更新するときは，プログラムの手続きの実行順序によって，更新結果が異なってくる．例えば，この二つのプログラムP及びSの手続きの実行順序によって，Xの内容は異なった値となる．

　　すなわち，二つのプログラムP及びSの実行後に，

(1)　Xの値が元の値と同じになるのは，□ a ，又は，□ b のような順序で手続きが実行された場合である．

(2)　Xの値が1だけ増加するためには，S3の手続きの実行前に，□ c の手続きが実行され，かつ，S3の手続きが実行された後で，□ d の手続きが実行されることが必要である．

(3) Xの値が1だけ減少するためには，P3の手続きの実行前に， [ e ] の手続きが実行され，かつ， [ f ] の手続きが実行される前に， [ g ] の手続きが実行されることが必要である．

したがって，このような共通領域を更新するプログラムの作成に当たっては，十分な注意が必要である．

＜a，bに関する解答群＞

　　ア　P1——P2——P3——S1——S2——S3
　　イ　P1——P2——S1——S2——P3——S3
　　ウ　P1——P2——S1——S2——S3——P3
　　エ　P1——S1——S2——P2——S3——P3
　　オ　S1——P1——S2——S3——P2——P3
　　カ　S1——S2——P1——P2——P3——S3
　　キ　S1——S2——S3——P1——P2——P3

＜c〜gに関する解答群＞

　　ア　P1　　　　　　イ　P2　　　　　　ウ　P3
　　エ　S1　　　　　　オ　S2　　　　　　カ　S3

## 【解答】

a. ア　P1－P2－P3－S1－S2－S3.
b. キ　S1－S2－S3－P1－P2－P3.
c. ア　P1.　　　　　　　d. ウ　P3.
e. エ　S1.　　　　　　　f. カ　S3.
g. ウ　P3.
※a，bは順不同.

## 解説

排他制御に関する問題です．排他制御の元では命令の実行は（1）のようになります．排他制御のない環境では（2）（3）のように二つのプロセスの命令が交錯し，実行結果が不安定になることを理解して下さい．

(1) Xの値が同じということは，プログラムPとSがそれぞれ1回ずつ正しく実行されたということですから，プログラムP，Sが順番に動作しているア・キまた

はキ・アが答えとなります.

(2)　　X の値が 1 増加ということは，プログラム P の動作が行われ，S が事実上動作しないのと同じことですから，S 3 でストアされた X に P 3 で＋1 された X を上書きすればよいということになります.

(3)　これは（2）と逆になり，P 3 でストアされた X に S 3 で－1 された X を上書きすることになります.

---

2-4　排他制御に関する次の記述中の ☐☐☐☐ に入れるべき適切な字句を，解答群の中から選べ.

　　データベースの利点の一つは，多数の利用者が一つのデータ資源を共有するところにある. これは，計算機上では，利用者が起動するジョブ，タスク，プロセスなど（以下，特に断わらない場合はタスクで代表させる）によるデータベースの共有という形で実現される. しかしマクロには共有といっても，ミクロには二つ以上のタスクがある特定のデータに対して， a ことがあっては不都合である. これを避けるための制御のことを，排他制御という. 排他制御の単位としてはファイルやレコードなどが考えられるが，アクセス競合をできるだけ少なくするには，排他制御の単位は細かいほうがよい. ただし，排他制御の単位をあまりにも細かくとると，オーバヘッドが大きくなる.

　　データベースレベルでの排他制御を実現するには，突き詰めて行くと，制御プログラムレベルで，(1) 複数のタスクの間の b をとったり，(2) あるいは複数のタスクが危険域（critical section）に同時に入り込んだりしないようにしたり，することが必要になる. これを実現するメカニズムの一つとして，オランダのダイクストラの創始になる c がある. この言葉は元来は鉄道の腕木式信号機を意味する. c そのものをハードウェア命令にすることも可能であるが，もう少し原始的な命令を使って組み立てることも可能である. この原始的な命令の一例として， d 命令がある. その命令の実行内容は e .

　　なお，一つの資源に対する排他制御がうまくできたからといって，二つ以上の資源を同時に確保しなければならないような場合の排他制御が必ずしもうまく行くとは限らない. へたをすると f を招いてしまう. これを防ぐ一つのやり方は g ことであるが，多数の利用者にこの約束事を守ってもらうことは不可能に近い. 多くのオンライントランザクションシステム

用のデータベース/データ通信（DB/DC）管理システムに　　h　　機能が用
意されているのは，この間の事情をよく物語っている.

<a に関する解答群>

　　ア　一方のタスクが書込みを完了した後に，他方のタスクが読取りを行う

　　イ　同時に書込み命令を実行する　　　ウ　同時に読取り命令を実行する

<b～d, f, h に関する解答群>

　　ア　アボートロールバック(ロールバック)　イ　スラッシング

　　ウ　セマフォ　　　　　エ　テストアンドセット(test and set)

　　オ　デッドロック　　　　　　　　　　　カ　バランス

　　キ　ブランチアンドリンク(branch and link)

　　ク　モニタ　　　　ケ　同期　　　　コ　連携

<e に関する解答群（ア～エの最初の2行は同じである）>

　　ア　指定されたアドレスからデータを読み取った後，1 の値を同一アドレス
　　　　に書き込む. 読み取った値が 1 であれば分岐をし，0 ならば次の命令に進
　　　　む

　　イ　指定されたアドレスからデータを読み取った後，1 の値を同一アドレス
　　　　に書き込む. 読み取った値が 1 であれば分岐をし，0 ならば次の命令に
　　　　進む.
　　　　　この間，他の処理装置の同一アドレスへの書込みは禁ずるが，読取り
　　　　は妨げない

　　ウ　指定されたアドレスからデータを読み取った後，1 の値を同一アドレス
　　　　に書き込む. 読み取った値が 1 であれば分岐をし，0 ならば次の命令に
　　　　進む.
　　　　　この間，入出力割込みで命令が中断されることはないが，別の処理装
　　　　置が同一アドレスを読み取ることは妨げない

　　エ　指定されたアドレスからデータを読み取った後，1 の値を同一アドレス
　　　　に書き込む. 読み取った値が 1 であれば分岐をし，0 ならば次の命令に
　　　　進む.
　　　　　この命令は不可分な単一機械語命令として実行される. すなわち，こ
　　　　の命令が完了するまでは，他の処理装置による同一アドレスに対する読
　　　　取りも書込みも禁止する

<g に関する解答群>

　　ア　価格の高い資源から順にアクセスを行う

　　イ　競合の激しいと思われる資源から順にアクセスを行う

　　ウ　その利用者（タスク）にとって最も重要な資源から順にアクセスを行う

　　エ　常に決まった順序，例えば資源の名前のABC順にアクセスを行う

## 【解答】

a.　イ　同時に書き込み命令を実行する

b.　ケ　同期

c.　ウ　セマフォ

d.　エ　テストアンドセット

e.　エ　不可分な単一機械語命令

f.　オ　デッドロック

g.　エ　決まった順序でアクセス

h.　ア　ロールバック

## 解説

排他制御と同期に関するややレベルの高い問題です．

b.　タスク間で連絡をとり，お互いの事象の発生を待ち合わせることを同期といいます．

c.　プロセス間の同期や排他制御を実現する代表的なメカニズムが“セマフォ”です．

d.　オペレーティングシステム内での原始的な同期の実現にはテストアンドセット命令が使われます．

g.　資源を占有する順序を決めておき，それをすべてのプロセスが守ればデッドロックは発生しません．

h.　デッドロック状態のプロセスの1つを初期の状態に戻してから，再度資源の要求をすることでデッドロック状態から脱出することができます．これをロールバック運転といいます．

f.　デッドロックを図示すると次のようになります．

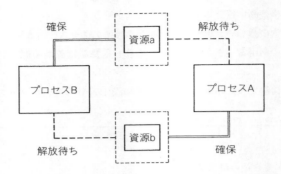

プロセスA，Bがともに資源a，bを使用するときに

　　　プロセスA：資源aを確保し，資源bの割当待ち

　　　プロセスB：資源bを確保し，資源aの割当待ち

となると，互いが互いの資源の解放を待ち続けることになります．これが「デッドロック」です．

---

**2-5** ワークステーション（WS）に関する次の記述中の □ に入れるべき最も適切な字句を，解答群の中から選べ．

　　WS の CPU には □ a □ ビットのプロセッサを用いたものが多く，更に仮想記憶方式や □ b □ 方式を採用することで，大規模プログラムへの対応や，処理能力の向上を図っている．近年は特に，命令をできるだけ単純かつ同一語長のものに限定し，マイクロプログラムを介さない実行や，パイプライン処理による並列性の向上などで高速化をねらった □ c □ プロセッサの採用が増加している． □ c □ プロセッサの中には， □ d □ MIPS を超える性能のものも商品化されている．

　　マンマシンインタフェースに関するハードウェアとしては，入力にキーボードとマウス，出力に高解像度のビットマップディスプレイを備えたものが標準的である．ビットマップディスプレイは，縦横それぞれ □ e □ ドット程度を表示できるものが多く，カラー表示が可能な場合は，通常同時に 256 色，最大ではフルカラーと呼ばれる □ f □ 以上の色を扱えるものもある．このビットマップディスプレイを用いて WS が提供するマルチウインドウ機能は，同時に複数のジョブからの表示を見られるようにしたものである．

　　WS は， □ g □ などのネットワークを用いて，他の WS や大型計算機と通信できるようになっている．また， □ g □ を利用してファイルやプリン

タなどの共有，及び電子メールによる利用者相互の情報交換などが行われる
ほか，クライアントサーバモデル（client-server model）に基づき，処理の
一部を他の WS に実行依頼する ☐ h ☐ を利用したソフトウェアも増加して
いる．

　この ☐ g ☐ のアクセス制御方式には，☐ i ☐ 方式や ☐ j ☐ 方
式を用いたものが多い．

＜a に関する解答群＞
　　　ア　8　　　　　　　イ　16　　　　　　ウ　24　　　　　　エ　32
　　　オ　48　　　　　　カ　56　　　　　　キ　80　　　　　　ク　128

＜b に関する解答群＞
　　　ア　IC メモリ　　　イ　アドレス修飾　　　ウ　拡張装置
　　　エ　仮想計算機　　　オ　キャッシュメモリ　カ　マイクロプログラミング

＜c に関する解答群＞
　　　ア　CISC　　　　　イ　DRAM　　　　ウ　MIMD　　　エ　RISC
　　　オ　SIMD　　　　　カ　SRAM　　　　キ　VLSI　　　　ク　WISC

＜d, e に関する解答群＞
　　　ア　1　　　　　　　イ　5　　　　　　　ウ　10　　　　　　エ　30
　　　オ　100　　　　　　カ　1,000　　　　　キ　3,000　　　　ク　10,000

＜f に関する解答群＞
　　　ア　1,000　　　　　イ　6,000　　　　　ウ　1万　　　　　エ　16万
　　　オ　160万　　　　　カ　600万　　　　　キ　1,600万　　　ク　5,000万

＜g に関する解答群＞
　　　ア　BUS　　　　　イ　CATV　　　　ウ　GAN　　　　エ　GPIB
　　　オ　LAN　　　　　カ　SCSI　　　　キ　VAN　　　　ク　VME

＜h に関する解答群＞
　　　ア　MHS（Message Handling System）
　　　イ　OSI（Open Systems Interconnection）
　　　ウ　RCS（Remote Computing Service）
　　　エ　RDA（Remote Database Access）
　　　オ　RPC（Remote Procedure Call）

＜i, j に関する解答群＞
　　　ア　CSMA/CD　　イ　HDLC　　　　ウ　ISDN　　　　エ　JCA

| オ　Packet | カ　Star-Ring | キ　Token-Ring | ク　X.25 |

**【解答】**

a.　エ　32ビット

b.　オ　キャッシュメモリ

c.　エ　RISC

d.　オ　100MIPS

e.　カ　1000ドット

f.　キ　1600万色

g.　オ　LAN

h.　オ　RPC（Remote Procedure Call）

i.　ア　CSMD/CD

j.　キ　Token-Ring

**解説**

ワークステーションの技術動向とクライアントサーバシステムに関する問題です.

b.　ワークステーションや高性能パソコンはその大半がキャッシュメモリを採用しています.

c.　reduced instruction set computer のことで，命令を簡単化して，命令実行の高速化をはかります.

g.　Local Area Network のことで，資源の共有などを目的としたネットワークです.

h.　ネットワークに接続されている別のWS上にある手続き（関数）を通常の関数呼出しのインタフェースで呼出して実行させる機能です.

i.　バス形LANにおけるデータの衝突を防ぐための制御方式で，伝送路に搬送波がないときにデータの送信ができる方式です.

j.　リング形LANにおけるデータの衝突を防ぐための制御方式で，トークン（データ送信権）をもつデータのみが送信できる方式です.

# 第3章 プロセスのスケジューリング

## 3・1 プロセスの特性

　マルチプログラミング環境では，オペレーティングシステムのもとで複数の
プロセスが同時並行的に活動します．これらのプロセスが効率よく，しかもで
きるだけ公平に活動ができるように CPU を割り当てることを，プロセスのス
ケジューリングといいます．各プロセスはそれぞれの特性をもっていて，スケ
ジューリングの際もプロセスの特性を考慮する必要があります．ここでは，プ
ロセスの特性とスケジューリングの関係について考えます．なお，スケジュー
リングの具体的な方法（アルゴリズム）については，次節以降で学習します．

### 1　プロセスの活動と並行動作

　プロセスの活動とは，プログラムとして記述された命令を順序よく実行して
いくことです．オペレーティングシステムからの視点でプロセスの活動を分類
すると，次のようになります.

| 活 動 の 内 容 | 状　態 | 備　考 |
|---|---|---|
| 1．CPU が割当てられて命令の実行中 | 実行状態 | 数 10 ナノ秒/命令 |
| 2．CPU の割当てを待っている | 実行可能状態 | |
| 3．入出力装置が割当てられて入出力動作中 | 待ち状態 | 数 10 ミリ秒/アクセス |
| 4．入出力装置の割当てを待っている | 待ち状態 | |
| 5．排他制御等で事象の発生を待っている | 待ち状態 | |

　プロセスのスケジューリングとは，上表の項番 2 の状態で CPU を待ってい
るたくさんのプロセスの中から，ある基準に従って一つのプロセスを選び，そ

のプロセスに CPU を割り当てることです．また，一つの CPU のもとで多く
のプロセスの並行動作が可能になるのは，各プロセスが項番 3，4，5 のよう
な CPU を必要としない活動をかなり長い時間にわたって展開してくれるから
です．備考欄に示したように，CPU の命令実行時間と代表的な入出力装置で
ある磁気ディスクのアクセス時間の間には $10^6$ 倍もの開きがあります．磁気ディ
スクから1件のデータを読み終わるまでに，CPU は 1 000 000 回もの命令を実
行することが可能なのです．

## 2 プロセスの特性

三つのプロセス A，B，C が並行動作をしている様子を次に図示します．

プロセスの特性

　プロセス A，B は，処理時間の大半が入出力動作で占められ，CPU 時間の
割合は非常に少なくなっています．一方，プロセス C は，入出力の時間はほ
んのわずかで処理の大部分が CPU を使った仕事になっています．このように，
プロセスの活動には CPU 時間と入出力時間の比率に関する特徴があります．
これをプロセスの特性といいます．

### (1)　入出力バウンド (I/O bound) のプロセス
　プロセス A，B のように，処理時間の中で入出力時間の占める割合が大きい
プロセスを入出力バウンドのプロセスといいます．大半の事務計算プログラム
やオンライントランザクション処理は典型的な入出力バウンドのプロセスとい
えます．

### (2)　CPU バウンド (CPU bound) のプロセス
　プロセス C のように，処理時間の中で CPU 時間の占める割合が大きいプロ
セスを CPU バウンドのプロセスといいます．科学技術計算のプログラムやプ

ラントの実時間制御システムなどが該当します.

入出力バウンドのプロセスとCPUバウンドのプロセスが一つのCPUのもとで並行動作をする場合は, 入出力バウンドのプロセスを優先してCPUを割り当てる必要があります. 入出力バウンドのプロセスは処理時間の大半が入出力動作中の時間であり, CPUを使うことは滅多にありません. したがってCPUの使用要求が出たときはできるかぎり速やかにこれに答える必要があるわけです. 一方で, CPUバウンドのプロセスはCPU使用要求を頻繁に出します. 入出力バウンドのプロセスと競合してCPUの割り当てを待たされることがあってもやむを得ないということになります.

## 3 スケジューリングの評価尺度

オペレーティングシステムは, 実行可能状態でCPUの割当を待っているプロセスの中から, ある基準に従って一つのプロセスを選び, そのプロセスにCPUを割り当てます. プロセスを選ぶ基準のことをスケジューリングアルゴリズムといいます.

さて, スケジューリングアルゴリズムの善し悪しは何で決まるのでしょうか. いくつかの評価尺度について説明します.

### (1)　ターンアラウンド時間 (turn around time)

一般的には, プロセスが活動を始めてからその活動を終わるまでの時間をいいます. バッチ処理の場合はジョブの実行時間, オンライントランザクション処理では, 応答時間が該当します. ただし, プロセスのスケジューリングに関する話題の中では, あるプロセスが予定しているCPU時間を使い切るまでの時間という意味で用いられることがあります.

ターンアラウンド時間は, 短い方が良いことはいうまでもありません. 特にオンラインリアルタイム処理では, 設計時点から厳しい応答時間が要求されますので, ターンアラウンド時間の短縮は極めて重要な問題といえます.

### (2)　待ち時間 (waiting time)

ターンアラウンド時間を前項の狭義の定義で考えると, CPU使用時間とCPU待ち時間の和になります. このうちCPU使用時間は, オペレーティン

グシステム側では制御できない時間です．したがってターンアラウンド時間の短縮は，CPU 待ち時間をいかに短くできるかによって決まります．

　一般的にオペレーティングシステムのスケジューリングアルゴリズムによって左右される時間は，CPU 待ち時間，入出力待ち時間，事象待ち時間などで，これらの待ち時間が短いほど優れたアルゴリズムということができます．各種の待ち時間をいかに短縮できるかが広い意味でのターンアラウンド時間の短縮にもつながります．

(3)　**スループット**（throughput）

　単位時間内にこなすことができる仕事の量をいいます．例えば，単独で実行させると 20 分を要するジョブを 1 時間の間に何回実行できるかが一つの尺度になります．オンライントランザクションでは，1 分間に何件のデータ処理ができるかが問題になります．ターンアラウンド時間が一つ一つのプロセスの立場での高速化を考えたのに対して，スループットは，システム全体の効率化，最適化を図るための尺度といえます．スループットを向上させるには，CPU，主記憶装置，入出力装置など計算機システムの構成要素を遊ばせることなく効率よく働かせることが必要です．

(4)　**利用率**（utilization）

　CPU の稼働状況を表す指標として，CPU 利用率（CPU utilization）が用いられます．例えば，ある CPU が 100 分間のうち 60 分間は稼働し，残り 40 分間は仕事がなくて遊んでいたとすると，この CPU の利用率は 60％になります．利用率の考え方は，磁気ディスクなどの入出力装置にも同様に適用されます．スループットの向上には，各装置の利用率を適切な範囲で上昇させることが必要です．もちろん，利用率を上昇させるに見合う仕事が与えられることが大前提になります．スケジューリングが適切でないと，仕事はたくさんあるのに各装置の利用率が低く，結果としてスループットが向上しないという事態になりかねません．

# 3·2 基本的なスケジューリング

スケジューリングのアルゴリズムとして各種の方法が提案され，その内のいくつかは実際のオペレーティングシステムの中で採用されています．ここでは，基本的な四つのスケジューリングアルゴリズムについて見ていくことにします．

## ◼1 到着順アルゴリズム

いわゆる **FIFO**（first in first out）の考え方によるもので，先に到着したプロセスから順に CPU を割り当てます．ここで到着するとは，プロセスが実行可能状態になることを意味します．いま，A〜E の 5 つのプロセスがこの順に到着して CPU の割り当てを待っているとすると，スケジューリングは次のように行われます．

| プロセス | 到着順 | CPU使用時間 |
|---|---|---|
| A | 1 | 10 |
| B | 2 | 5 |
| C | 3 | 20 |
| D | 4 | 15 |
| E | 5 | 10 |

CPU　◼ − A − B − C − D − E

到着順アルゴリズム

到着順アルゴリズムは単純明快でわかりやすく実現も容易ですが，良いアルゴリズムとはいえません．例えば，上の例でプロセスの CPU 待ち時間を比べてみると，プロセス A の 0 に対してプロセス E は 50 で，CPU 使用時間の 5 倍も待たされたことになります．これはターンアラウンド時間の短縮という点からも決して好ましいことではありません．

## 2 最短時間順アルゴリズム

　CPU 使用時間の短いプロセスから順に CPU を割り当てます．このアルゴリズムは，各プロセスの CPU 使用時間に対する CPU 待ち時間の割合を平均化させることができます．次に例を示します．

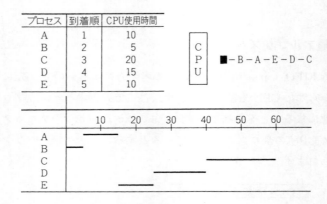

**最短時間順アルゴリズム**

　このアルゴリズムでは，プロセス C のような CPU 使用時間の長いプロセスが後回しにされて長く待たされることになります．長い時間 CPU を使うプロセスが長く待たされるのはしかたないと考えれば，合理的なアルゴリズムということができますが，このアルゴリズムを実現することはきわめて困難です．理由は，各プロセスがこれから使用する CPU 時間をオペレーティングシステムが前もって知ることは不可能に近いからです．過去の CPU 使用時間のデータから予測をする方法も考えられますが，予測の信頼性と予測にかかる時間を考えるとあまり現実的とは言えません．

## 3 優先度順アルゴリズム

　プロセスに優先度を与えて，優先度の高いプロセスから順に CPU を割り当てます．一つのコンピュータシステムの中でさまざまな性格の仕事が共存する場合は，その仕事に応じてプロセスに優先度を与えることが必要になります．

- オンライントランザクション処理のプロセス > バッチ処理のプロセス
- 業務処理のプロセス > システム開発作業のプロセス
- システム系のプロセス > ユーザのプロセス

次に例を示します.

| プロセス | 到着順 | CPU使用時間 | 優先度 |
|---|---|---|---|
| A | 1 | 10 | 1 |
| B | 2 | 5 | 3 |
| C | 3 | 20 | 3 |
| D | 4 | 15 | 2 |
| E | 5 | 10 | 1 |

CPU
1■ - A - E
2■ - D
3■ - B - C

```
          10    20    30    40    50    60
A    ━━━━━━
B                        ━━━
C                              ━━━━━━━━━
D                  ━━━━━━
E           ━━━━━
```

**優先度順アルゴリズム**

このアルゴリズムでは，優先度の高いプロセスから順に処理されるため，優先度の低いプロセスの待ち時間が長くなります．さらに優先度の高いプロセスが次から次へと到着してしまうと，優先度の低いプロセスはいつまで待っても CPU を割り当ててもらえないという事態にもなりかねません．優先度の考え方は非常に重要ですが，アルゴリズムとしてはもう少し工夫が必要です.

## 4 ラウンドロビン法 (round robin)

いままでのアルゴリズムでは，プロセスが CPU の割当てを受けるとプロセスが自ら CPU を放棄しない限り，いつまでも使い続けることができました．これでは公平なスケジューリングとはいえません．科学技術計算のプログラムに見られるように，長時間にわたって CPU を占有したいプロセスは少なくありません．ラウンドロビン法では，一つのプロセスが連続して CPU を使用できる時間を制限します．この時間のことを**タイムスライス** (time slice) といいます．CPU 使用時間がタイムスライスに達すると，オペレーティングシス

テムはそのプロセスから強制的に CPU を取り上げて，次のプロセスに CPU を割り当てます．そして，CPU を取り上げられたプロセスは，CPU 待ち行列の最後に並んで次に自分の順番が回ってくるのを待つことになります．次に例を示します．なお，タイムスライスの値は 10 とします．

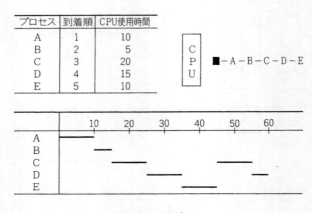

ラウンドロビン

CPU の強制的な取上げは，プロセス C とプロセス D で発生しています．プロセス C が CPU を取り上げられる時点での CPU 待ち行列の状態は，次のようになっています．

プロセス A とプロセス B は，すでに予定の時間を使い切ったので待ち行列の中には存在しません．プロセス C が CPU を使用中でプロセス D とプロセス E が順番を待っています．プロセス C がタイムスライスに達するとプロセス C は行列の最後，すなわちプロセス E の後ろにつながれます．そして，行列の先頭のプロセス D が CPU を使い始めます．

## 課題 基本的なスケジューリング

　5つのプロセス A～E が表に示すように5秒間隔で到着し（実行可能状態になり），CPU の割当を待つ．これらを次の（1）～（3）のアルゴリズムでスケジューリングを行ったときのプロセスの動きを図示し，平均ターンアラウンドタイムを求めなさい．

| プロセス | 到着時刻 | CPU使用時間 |
| --- | --- | --- |
| A | 0 | 10 |
| B | 5 | 5 |
| C | 10 | 20 |
| D | 15 | 15 |
| E | 20 | 10 |

（1）　到着順アルゴリズム

（2）　最短時間順アルゴリズム

（3）　ラウンドロビン（タイムスライス＝5）

## 3・3　実用的なスケジューリング

前節で学習した四つのアルゴリズムは，いずれも基本的なものばかりで，複雑なプロセスの活動に対応するには不十分といえます．ここでは，より実用的な技法として横取りの考え方と多重レベルスケジューリングについて学習します．

### 1 　横取り（pre-emptive）

CPU を使用中のプロセスよりも，優先度の高いプロセスや緊急性のあるプロセスが発生した場合，現在実行中のプロセスから CPU を取り上げて優先度の高いプロセスに CPU を割り当てることを**横取り**（pre-emptive）といいます．前節で学習したラウンドロビンも横取りの一種と考えられますが，きめの細かいスケジューリングを行うには，もっとダイナミックな横取りの技法が必要になります．優先度順アルゴリズムを用いて横取りのない場合とある場合を比較してみましょう．

次の表に示すように，プロセス A〜E が到着時刻で示した時刻に到着します（実行可能状態になります）．横取りがない場合，新しいプロセスの到着があっても現在実行中のプロセスは CPU 使用時間を使い切ることができます．そして，次のスケジューリングのときに新しく到着したプロセスを含めて，次に CPU を割り当てるプロセスが決定されます．横取りがある場合は，新しいプロセスが到着した時点でスケジューリングアルゴリズムが働きます．そして，現在実行中のプロセスよりも新しく到着したプロセスの方が優先度が高ければ，現在実行中のプロセスから CPU を取り上げて，新しく到着したプロセスに CPU を割り当てます．

| プロセス | 到着時間 | CPU 使用時間 | 優先度 |
| --- | --- | --- | --- |
| A | 0 | 10 | 3 |
| B | 5 | 5 | 2 |
| C | 10 | 20 | 3 |
| D | 10 | 15 | 2 |
| E | 20 | 10 | 1 |

●横取りがない場合のスケジューリング

| 時刻 | 10 | 20 | 30 | 40 | 50 | 60 |
|---|---|---|---|---|---|---|
| 到着 | A　B　CD | E | | | | |

A (3)
B (2)
C (3)
D (2)
E (1)

●横取りがある場合のスケジューリング

| 時刻 | 10 | 20 | 30 | 40 | 50 | 60 |
|---|---|---|---|---|---|---|
| 到着 | A　B　CD | E | | | | |

A (3)
B (2)
C (3)
D (2)
E (1)

　まず，優先度 3 のプロセス A が実行を始め，時刻 5 の時点で優先度 2 のプロセス B が到着します．ここで横取りが起こり CPU はプロセス B に割り当てられます．プロセス A は優先度 3 の待ち行列につながれて自分の順番を待ちますが，その後自分よりも優先度の高いプロセスが次々と到着し，それらの処理が優先されるため，再び CPU の割当てを受けるのは時刻 35 の時点になります．このように，横取りを行うことによって優先度の高いプロセスの処理を確実に優先して実行することが可能となります．

## 2 多重レベルスケジューリング

　コンピュータシステムの中には，さまざまな性格のプロセスがそれぞれの仕事のために活動しています．プロセスの性格に応じたきめ細かなスケジューリングを実現しているのが多重レベルスケジューリングです．多重レベルスケジューリングでは，プロセスをその性格によっていくつかのグループに分類します．

各グループ内では，そのグループの性格に適したスケジューリングアルゴリズムを適用します．一般的にはラウンドロビンが用いられますが，優先度の低いバッチ処理専用のグループであれば到着順アルゴリズムでもよいかもしれません．各グループには，グループの性格に応じた優先度を与えます．例えば，次のようになります．

高

→ ・オンライントランザクション処理のグループ

→ ・バッチ処理業務のグループ

→ ・システム管理者のグループ

→ ・システム開発作業のグループ

低

　グループ間のスケジューリングには，横取りのある優先度順アルゴリズムが用いられます．すなわち，優先度の低いグループのプロセスが CPU を使用中に優先度の高いグループのプロセスが到着すると，直ちに優先度の高いプロセスに CPU を譲ります．優先度の低いプロセスが CPU を使うことができるのは，自分よりも優先度の高いグループのプロセスが一つも到着していないときに限ります．したがって優先度の高いプロセスが次々と到着すると，優先度の低いプロセスになかなか CPU が割り当てられない状況も発生します．

　次に多重レベルスケジューリングの例を示します．

| グループ | 優先度 | プロセス | 到着時刻 | CPU 使用時間 | アルゴリズム |
|---|---|---|---|---|---|
| A | 1 | A 1 | 10 | 10 | ラウンドロビン<br>（タイムスライス＝5） |
| B | 2 | B 1 | 40 | 5 | |
| | | B 2 | 5 | 10 | |
| C | 3 | C 1 | 0 | 15 | 到着順 |
| | | C 2 | 20 | 20 | |

| 時刻 | 10 | 20 | 30 | 40 | 50 | 60 |
|---|---|---|---|---|---|---|
| 到着 | C1 B2 ｜A1 | ｜C2 | | B1 | | |

```
A1         ━━━━━━
B1                          ━━━
B2      ━━━----━━━
C1  ━━━-------------━━━
C2            ---------------------━━━
```

多重レベルスケジューリング

　まず，最も優先度の低い C グループのプロセス C1 が実行を始めますが，時刻 5 で優先度の高いプロセス B2 が到着したので，CPU はプロセス B2 に割り当てられます．時刻 10 でさらに優先度の高いプロセス A1 が到着し，CPU は A1 に移ります．このようにしてプロセス C1 に CPU が戻ってくるのは，優先度の高いプロセスが一つもなくなった時刻 25 の時点になります．プロセス C2 は時刻 20 で到着しますが，このグループは到着順アルゴリズムでスケジュールされるため，実行が始まるのはプロセス C1 が終了した時刻 35 になります．

## 課題　横取りのあるスケジューリング

**(1)**　5つのプロセスA〜Eが表に示すように5秒間隔で到着し（実行可能状態になり），CPUの割当を待つ．これらを横取りのある優先度順アルゴリズムでスケジューリングを行ったときのプロセスの動きを図示し，平均ターンアラウンドタイムを求めなさい．

| プロセス | 到着時刻 | CPU使用時間 | 優先度 |
|---|---|---|---|
| A | 0 | 10 | 5 (低) |
| B | 5 | 5 | 1 (高) |
| C | 10 | 20 | 4 |
| D | 15 | 15 | 2 |
| E | 20 | 10 | 3 |

**(2)**　A，B，Cの3つのプロセスが単独で実行したときの各装置の使用時間は次のとおりである．

・プロセスA（IOバウンドプロセス）

| CPU | IO-1 | CPU | IO-2 | CPU | IO-1 | CPU |
|---|---|---|---|---|---|---|
| 10 | 50 | 10 | 30 | 10 | 30 | 10 |

・プロセスB（CPUバウンドプロセス）

| CPU | IO-2 | CPU | IO-1 | CPU | IO-1 | CPU |
|---|---|---|---|---|---|---|
| 10 | 20 | 40 | 10 | 40 | 20 | 10 |

・プロセスC（IOバウンドプロセス）

| CPU | IO-2 | CPU | IO-1 | CPU | IO-2 | CPU |
|---|---|---|---|---|---|---|
| 10 | 30 | 10 | 30 | 10 | 50 | 10 |

3つのプロセスが同時に実行を開始し，次のアルゴリズムに従ってCPUのスケジューリングが行われたときのタイムチャートを図示し，各プロセスの終了時間を求めなさい．なお，入出力装置については全て到着順アルゴリズム（横取りなし）を適用する．

＜多重レベルスケジューリング＞
- 第1グループ（優先度：高）［プロセスA，プロセスB］
  グループ内はタイムスライス＝10のラウンドロビンを適用する．
- 第2グループ（優先度：低）［プロセスB］
  グループ内は到着順アルゴリズムを適用する．

# 3·4　スケジューリングの実際

　実際のオペレーティングシステムが採用しているスケジューリングアルゴリズムは，いままでに学習したいくつかのアルゴリズムを組み合わせた相当複雑なものになっています．前節で学習した多重レベルスケジューリングを基本に，各 OS ごとに相当工夫がされているようです．ここでは，UNIX のスケジューリングアルゴリズムを取り上げて，各プロセスがどのようにスケジュールされて行くのかを見ていくことにします．

## ■1　UNIX のスケジューリング

　UNIX オペレーティングシステムは，比較的少人数の利用者が対話型でシステムを利用することを前提としたもので，特に開発当初はオンライントランザクション処理や実時間処理などの多様な処理形態は想定されていませんでした．したがって，スケジューリングアルゴリズムも大型汎用機の OS に比べると比較的簡単で学習の題材としては最適かもしれません．UNIX のスケジューリングアルゴリズムの特徴は，次の通りです．

(1)　0 から 127 までの優先度によってきめの細かいスケジューリングを実現する．

(2)　入出力動作の完了等を待っているプロセスには高い優先度が与えられ，待っている事象が発生すれば直ちに CPU が割り当てられる可能性を高くする．

(3)　プロセスの CPU 使用状況を測定し，CPU を多用するプロセスは使用時間に応じてそのプロセスの優先度を低くする．

(4)　利用者は自分のプロセスの優先度を指定することができる．

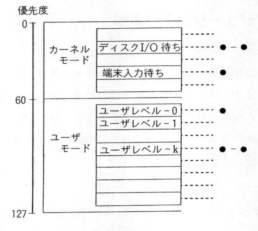

優先度別の待ち行列

　上の図は，実行可能状態のプロセスが優先度別に待ち行列を作って CPU の割当てを待っている様子を示しています．UNIX では，0 から 127 までの 128 段階の優先度を設け，0 から 59 までをカーネルモードの優先度，60 から 127 までをユーザモードの優先度といいます．プロセスが実行を開始すると基準優先度 60 が割り当てられます．そしてプロセスの活動内容に応じて，優先度はダイナミックに変化して行きます．CPU を多用するプロセスは次第に優先度が低くなります．これは，すべてのプロセスに対して CPU の割当てをできる限り公平に行おうとするものです．プロセスが磁気ディスク装置などに入出力要求を出して入出力動作の完了を待っている状態では，カーネルモードの高い優先度が与えられます．このようなプロセスは，入出力動作が完了して実行可能状態になると，高い優先度の待ち行列につながれるので，直ちに CPU が割り当てられる確率が高くなります．

　スケジューリングアルゴリズムは，高い優先度の待ち行列から順にプロセスの有無を調べ，最初に見つかったプロセスに CPU を割り当てます．したがって，カーネルモードの高い優先度で待っているプロセスは，短い待ち時間で CPU が割り当てられます．一方，ユーザモードの中でもより低い優先度で待っているプロセスは，自分よりも高い優先度で待っているプロセスが一つもないときにはじめて CPU 使用権を得ることができます．このようなプロセスは，

実行可能状態になってから実際に CPU が割り当てられるまでに相当時間待た
される可能性があります.

## 2 プロセス優先度の調整

　プロセスの活動によって，優先度が変化していく様子を具体的な事例を通し
て見ていくことにします. UNIX のスケジューリングアルゴリズムは，各プ
ロセスの CPU 使用状況を監視し，CPU を多用するプロセスは優先度を低く
設定するように制御しています. プロセスの優先度は，基準優先度 60 をベー
スに CPU 使用値を加えて次の式で計算されます.

　優先度 ＝ CPU 使用値／定数(2)＋基準優先度(60)

　オペレーティングシステムは，1 秒間に 60 回の頻度で CPU を利用している
プロセスを調べ，プロセスの CPU 使用値をカウントアップして行きます. も
し，あるプロセスが 1 秒間 CPU を使い続けたとすると，そのプロセスの
CPU 使用値は＋60 されることになります. プロセスの優先度の計算は，1 秒
間に 1 回行われます. このとき，すべてのプロセスの CPU 使用値は今までの
値の 1/2 に調整されます. そして，調整後の新しい CPU 使用値を使ってプロ
セスの優先度が計算されます.

　(新)CPU 使用値 ＝(旧)CPU 使用値/2

　1 秒ごとの CPU 使用値の調整は，過去の CPU 使用時間が現在の優先度に
与える影響を徐々に衰退させる効果があります. 最初の 1 秒間は CPU を使い
続け，その後 2 秒間は CPU を使わず，次の 1 秒間 CPU を使い続けたプロセ
スの優先度は，次のように変化します.

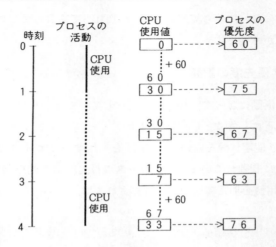

**プロセス優先度の変化**

　このプロセスはスタートして1秒間CPUを使うので，CPU使用値は+60されて60になります．しかし，1秒ごとの調整機能によりCPU使用値は1/2の30に調整されます．この値を使ってプロセスの優先度が計算され，優先度は75になります．

プロセスの優先度 ＝ CPU使用値30/定数2＋基準優先度60 ＝ 75

　次の1秒間はCPUを使わないのでCPU使用値は増加せず30のままです．そして調整機能で1/2の15になり，プロセス優先度は67と少し回復します．次の1秒間も同様で調整後のCPU使用値は7になり，プロセス優先度は63とさらに回復します．しかし，次の1秒間は再びCPUを使うのでCPU使用値は増加し，プロセス優先度は76と低下します．

　このようにCPUを多用したプロセスの優先度を下げることによってそのプロセスをCPUを使いにくい状態に追い込み，システム全体としての公平なスケジューリングを実現しています．

# 3章 演習問題

3-1 電子計算機システムの性能評価に関する次の記述に最も関連の深い字句を, 解答群の中から選べ.

a 電子計算機システムに対して処理要求を出してから, その要求に対する最終結果が得られるまでの時間をいう.

b 電子計算機システムに対して問合せ又は要求の終わりを指示してから, 利用者端末に最初の応答が始まるまでの時間をいう.

c 電子計算機システムが与えられた時間内に処理しうる仕事量をいう.

d 記憶装置の連続した読取り書込み周期の最短時間をいう.

e 磁気ディスク装置などにデータを要求してから, データの受渡しが完了するまでの時間をいう.

f 磁気ディスク装置などに格納されているデータの転送が開始されてから, 転送が完了するまでの時間をいう.

＜解答群＞

| | | |
|---|---|---|
| ア アクセスタイム | | イ サーチタイム |
| ウ サイクルタイム | | エ スループット |
| オ ターンアラウンドタイム | | カ トランスファタイム |
| キ ページング | | ク ポジショニングタイム |
| ケ リアルタイム | | コ レスポンスタイム |

【解答】

a －オ ターンアラウンドタイム

b －コ レスポンスタイム

c －エ スループット

d －ウ サイクルタイム

e －ア アクセスタイム

f －カ トランスファタイム（転送時間）

解説

計算機の性能評価に関する基本的な用語に関する出題です.

a. コンピュータに作業を依頼してから, 処理結果が自分の手もとに戻ってくるまでの時間のことをいいます. バッチ処理に適用される用語です.

b. 対話型処理で, コンピュータにデータを入力し終ってから, その処理結果が表示されるまでの時間のことをいいます. 応答時間ともいいます.

c. システムが単位時間内に処理する仕事量のことをいいます.

d. 記憶装置に対して, 書込みや読取りを要求してから, 次の書込みや読込みができるまでの時間のことをいいます.

e. 記憶装置に対して, 書込みや読取りを要求してから, データの受渡しが完了するまでの時間のことをいいます.

f. 記憶装置からデータやプログラムを転送するのに要する時間のことをいいます. 転送時間ともいいます.

---

3-2　多重プログラミングに関する次の記述を読んで, 設問に答えよ.

　　A, B, Cの三つのプログラムがある, 〔条件〕に示されるシステムで, おのおの単独に処理したときの中央処理装置 (CPU), 入出力装置1 (IO1), 入出力装置2 (IO2) の占有時間は, 図のとおりである.

図　プログラムのタイムチャート

〔条件〕

(1) CPU は1台である.

(2) IO1, IO2 は異なる入出力装置であって, 同時動作可能である.

(3) 各プログラムのCPU及び入出力装置に対する優先度は, A, B, Cの順である.

(4) CPU 処理を実行中のプログラムは, 入出力要求を出すまで実行を中断さ

れることはない.

(5) CPU を使用した後, 制御が入出力処理に移るとき, また逆に入出力処理
の後, 制御が CPU に移るとき, 割込みが発生するが, これらの制御プログ
ラムの介入する時間は無視してよい.

(6) プログラム A, B, C は, 同時に計算機に投入される.

設問　次の記述中の _____ に入れるべき適当な字句を, 解答群の中から選
べ.

(1) プログラムは ___a___ の順に終了する.

(2) 全部のプログラムが終了するのに ___b___ ms 必要である.

(3) 全部のプログラムが終了するまでの CPU の使用率は約 ___c___ %
である.

(4) プログラム B の待ち時間の合計は ___d___ ms である.

＜a に関する解答群＞

ア　A→B→C　　　　イ　B→C→A　　　ウ　C→A→B

エ　A→C→B　　　　オ　B→A→C　　　カ　C→B→A

＜b〜d に関する解答群＞

ア　40　　　　イ　50　　　　ウ　60　　　エ　70　　　オ　80

カ　100　　　キ　180　　　ク　190　　　ケ　200　　　コ　210

【解答】

a　－オ　B→A→C の順　　　c　－エ　70%

b　－キ　180ミリ秒　　　　d　－ア　40ミリ秒

解説

マルチプログラミングのスケジューリングに関する問題です. 次のようなタイムチャー
トを書くことで比較的簡単に解くことができます.

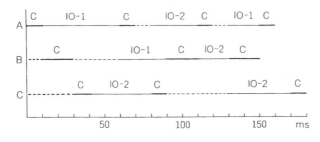

a, b, d は, 図を参考にしてください.

c の CPU 使用率は全時間の中で CPU が稼働している時間の割合ですから

$130 \div 180 = 0.72$ で約 70% となります.

---

**3-3** スケジューラに関する次の説明を読んで, 設問に答えよ.

〔スケジューラの説明〕

(1) 単一のプロセッサを用いて, 多重プログラミングを実現するスケジューラである

(2) タイムスライスは 50 ミリ秒である.

(3) プロセスに優先順位はなく, ラウンドロビン方式で実行する.

(4) プロセスの実行中に入出力が発生した場合は, 次のプロセスを実行する. また, 入出力待ちのプロセスに実行順序が回ってきた場合は, そのプロセスを飛ばして, 次のプロセスを実行する.

設問 次の記述中の [＿＿＿] に入れる正しい答えを解答群の中から選べ.

3 つのプロセス P1, P2, P3 がある. 各プロセスを単独で実行した場合のプロセッサと入出力装置の使用順序と使用時間は図のとおりである.

| プロセス | 実行時間（ミリ秒） |
|---|---|
| P1 | 10 40 10 40 10 10 40 10 |
| P2 | 20 70 20 70 30 |
| P3 | 130 60 20 |

━━ プロセッサ ── 入出力装置

**図 プロセッサと入出力装置の使用順序と使用時間**

今, 3 つのプロセス P1, P2, P3 を, P1→P2→P3→P1→…の順にラウンドロビン方式で実行することにする. ここで, プロセス切替えのオーバヘッドは無視する.

(1) 3 つのプロセスがそれぞれ異なる入出力装置 $\alpha$, $\beta$, $\gamma$ を用いる場合, 最初に終了するプロセスは [ a ] であり, 最初に P1 が起動してから全部のプロセスが終了するまでの時間は [ b ] ミリ秒となる.

(2) プロセス P1 は入出力装置 $\alpha$ を, プロセス P2 と P3 は同一の入出力装置 $\beta$ を用いる（先に使用を開始した方の入出力が終了するまで他方は待たされる）場合, (1)に比べて終了時間が延びるのはプロセス [ c ] であり, その延びる時間は [ d ] ミリ秒である.

<a, c に関する解答群>

　ア　P1　　　　イ　P1 と P2　　　　ウ　P1 と P3

　エ　P2　　　　オ　P2 と P3　　　　カ　P3

<b に関する解答群>

　ア　250　　　イ　260　　　ウ　270　　　エ　280

　オ　290　　　カ　300　　　キ　310　　　ク　320

<d に関する解答群>

　ア　10　　　イ　20　　　ウ　30　　　エ　40

　オ　50　　　カ　60　　　キ　70　　　ク　80

## 【解答】

a　－エ　（最初に終了するプロセスは P2）

b　－カ　（全プロセスが終了するまでの時間は 300 ミリ秒）

c　－カ　（終了時間が延びるプロセスは P3）

d　－ウ　（延びる時間は 30 ミリ秒）

## 解説

　ラウンドロビン方式によるプロセスのスケジューリングの問題です.

　プロセスに CPU を割り当てる順番は P1→P2→P3→P1 であること, タイムスライス（プロセスが連続して CPU を使用できる時間）が 50 ミリ秒であることに注意して, スケジューリングを行います.

　(1)　3 つのプロセスが異なる入出力装置を使う

　入出力装置の競合は起きないので, CPU 使用時間にのみ着目してスケジューリングを行うと, 次のようになります.

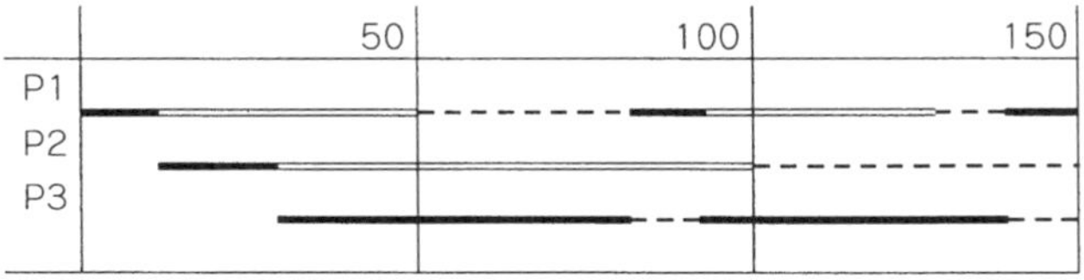

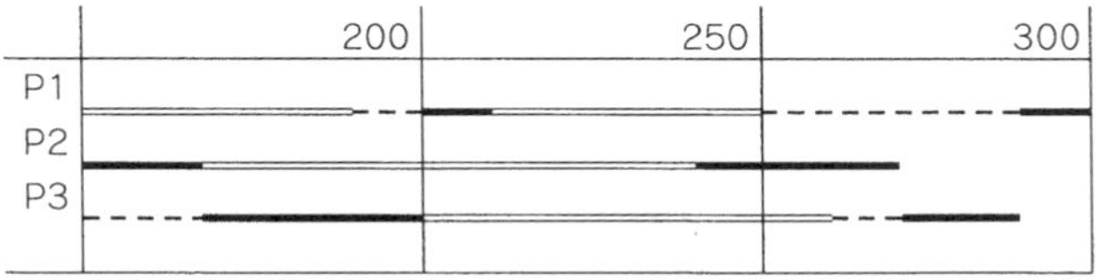

＜プロセスの状態＞

| ──── | CPU使用中 | - - - - - - | CPU待ち |
|------|-----------|-------------|---------|
| ═══ | 入出力動作中 | ======== | 入出力装置待ち |

＜考　察＞

　プロセスがスタートして140ミリ秒の時点では，プロセスP1とP2がCPUを待っています．プロセスP3はタイムスライスを使い切ったので，CPUはプロセスP1かP2のどちらかに割り当てられます．ここでは，問題文の指示（P1→P2→P3→P1の順に割り当てる）に従ってプロセスP1に割り当てました．

　実際のラウンドロビンスケジューリングでは，プロセスが実行可能状態になった順に行列を作ってCPUを待ちます．プロセスP1は130ミリ秒で，プロセスP2は100ミリ秒の時点で実行可能状態になっているので，プロセスP2の方が先にCPUを獲得することになります．

(2)　P2とP3が同一の入出力装置を使う

　200ミリ秒までは(1)と同じです．200ミリ秒の時点で，プロセスP2とプロセスP3の入出力装置が競合するので，プロセスP3の入出力動作が待たされることになります．

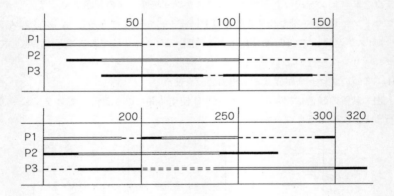

# 第4章　割込みの制御

## 4・1　割込みの種類

　コンピュータシステムが効率よく仕事をこなすためにも，割込みはきわめて
重要な機能といえます．ここでは，割込みの考え方とどのようなときにどんな
種類の割込みが発生するのかを学習します．

### 1　割込みとは

　コンピュータシステムの中では，実にさまざまな現象が発生しています．外
から眺めているとわれわれの作成したプログラムやジョブを黙々と実行してい
るように見えますが，実は緊急事態ともいえるような現象がかなりの頻度で発
生しています．このような事態にいかに適切に対処できるかによって，そのコ
ンピュータやオペレーティングシステムの評価が決まってしまうといっても過
言ではありません．

　割込み（interrupt）とは，コンピュータシステム内に発生するさまざまな
緊急を要する現象のことで，割込みの発生はハードウェアによって瞬時に
CPUに通知されます．割込みが発生すると現在実行中のプログラムは中断さ
れ，割込み処理ルーチンと呼ばれるオペレーティングシステム内のルーチンに
制御が移ります．割込み処理ルーチンは，割込み原因別に用意されていて，発
生した割込みに対応して適切な処置を行います．例えば，プログラムが実在し
ないアドレスを指定したロード命令を実行しようとすると，アドレス指定例外
と呼ばれる割込みが発生します．このとき割込み処理ルーチンは，このプログ
ラムの実行をこれ以上続けても意味はないと判断し，このプログラムを強制的
に終了させるでしょう．割込み処理ルーチンの振る舞いは，割込みの原因によっ

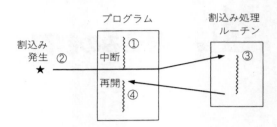

**割込みの発生**

てもまたオペレーティングシステムによってもさまざまですが，いずれにしても緊急事態に対応するための適切な処置をすばやく行うことが必要です．割込みによって中断されたプログラムは，上の例のように強制終了させられてしまう場合を除いて，必ず中断地点から実行が再開されます．割込み発生時の様子を図示すると上のようになります．

## 2 内部割込みと外部割込み

　割込みは，その原因によって内部割込みと外部割込みに分けることができます．現在実行中のプログラムに何らかの原因があって発生する割込みを内部割込みといいます．典型的な例はゼロによる除算で，例えば演算 $k = a/b$ ; において $b = 0$ であればこの演算で割込みが発生します．ゼロによる除算は答がないので，CPU はこの演算を実行することができないからです．一方，実行中のプログラムとは関係のない要因によって引き起こされる割込みを外部割込みといいます．例えば電源の異常やハードウェアの誤動作などが該当します．

　内部割込みはその原因によって，さらに次の4種類に分類できます．

① **システムコール**

　**システムコール**（system call）命令は，オペレーティングシステムが提供する各種のサービスを要求するときに使う命令です．システムコール命令によって制御はオペレーティングシステムに移り，要求したサービスが実行されます．

② **ページフォルト**

　ページング方式の仮想記憶システムにおいて，これから実行しようとするペー

ジが主記憶上に存在しないときに発生します．ページフォルトが発生すると，オペレーティングシステムが必要なページを主記憶上に読み込みます．

### ③ 命令誤使用

CPU の命令を不正に実行しようとした場合に発生します．

- CPU の命令として定義されてない命令を実行しようとした（命令例外）．
- 主記憶上で自分の領域以外のアドレスを指定した（記憶保護例外）．
- 実際に存在しない主記憶のアドレスを指定した（アドレス指定例外）．
- ユーザモードでは，実行できない命令を実行しようとした（特権命令例外）．

このような現象は，実行中のプログラムの致命的ともいえる誤りによって発生します．したがって，オペレーティングシステムは，この割込みが発生すると実行中のプログラムを強制的に終了させます．

### ④ プログラム例外

この割込みはプログラムで扱うデータの異常によって発生します．

- ゼロによる除算
- 乗算による桁あふれ（オーバフロー）
- 浮動小数点演算のオーバフロー，アンダフロー

この割込みが発生すると，実行中のプログラムは強制終了させられるのが一般的です．ただし利用者が割込み処理を変更することも可能で，例えばゼロ除算が発生しても演算結果を無視してプログラムを続行することもできます．

外部割込みは，次の4種類に分類できます．

### ① 入出力割込み

入出力制御装置が発生させる割込みで，入出力装置と主記憶装置との間のデータ転送が終了したことを CPU に伝えます．そのほか，入出力装置の異常等を伝えるためにも使われます．入出力動作の終了を待っていたプログラムは，この割込みによって待ち状態を解除されます．

### ② タイマ割込み

所定の時間が経過したことを伝える割込みで，**インターバルタイマ**（interval timer）と呼ばれる計時機構が発生させます．CPU のスケジューリングに必要なタイムスライスの制御にも用いられる重要な割込みです．この割込みを

プログラムで利用すると，例えばいまから10秒後に端末にメッセージを表示するなどということができるようになります．

### ③　外部信号割込み

実行中のプログラムにオペレータや他のプログラムから介入したいときに使用する割込みです．例えば，無限ループなどで，これ以上実行を続けても意味のないプログラムを終了させるために使われます．

### ④　マシンチェック割込み

電源の異常やハードウェアの誤動作を知らせる割込みです．この割込みが起こると一般的に計算機システムの運転を続けることはできません．したがって，オペレーティングシステムはシステムの緊急停止に必要な措置を大急ぎで行います．

## 3　パソコン（PC/AT 互換機）の割込み

いままでは，コンピュータシステムの割込みについて一般的な説明をしてきました．ここでは，われわれに最も身近なコンピュータであるパソコン（PC/AT 互換機）の割込みについて見ていくことにします．パソコンの割込みは次のように分類することができます．

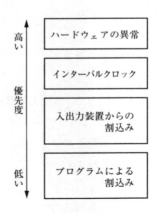

### （1）　ハードウェアの異常

電源の異常やハードウェアの誤動作で発生する割込みで，最も優先順位の高

い割込みです．いわゆる故障の発生ですから，そうたびたび起こる割込みでは
ありません．一般的な分類では「マシンチェック割込み」に相当します．

## (2) インターバルクロック

CPU 内部にある時計が一定時間ごとに発生する割込みです．第 3 章で学習
した CPU のスケジューリングにも用いられる大変重要な割込みです．コンピュー
タシステム内の時間に関する制御はすべてこの割込みを用いて実現されます．
一般的な分類では「タイマ割込み」に相当します．

## (3) 入出力装置からの割込み

入出力動作の完了を伝える割込みです．パソコンでは **IRQ** (Interrupt Re-
quest) と呼ばれる割込みレベルに入出力装置を対応づけることで割込みの処
理が可能になります．IRQ の標準的な割当ては次の通りです．

一般的な割込み信号（**IRQ**）の割当て

| IRQ | 利用状況 | IRQ | 利用状況 |
|---|---|---|---|
| 0 | システム・タイマ | 8 | リアルタイムクロック |
| 1 | キーボードコントローラ | 9 | IRQ2 とのカスケード |
| 2 | IRQ9 とのカスケード | 10 | 未使用 |
| 3 | COM2/COM4(シリアル) | 11 | 未使用 |
| 4 | COM1/COM3(シリアル) | 12 | PS/2 マウス |
| 5 | パラレルポート 2 | 13 | コプロセッサ |
| 6 | フロッピー | 14 | ハードディスク |
| 7 | パラレルポート 1 | 15 | 未使用 |

## (4) プログラムからの割込み

実行中のプログラムに何らかの原因があって起きる割込みです．一般的な分
類では「内部割込み」に相当しますが，パソコンやワークステーションではこ
の割込みのことを**例外**（exception）と呼ぶことがあります．例外には次のよ
うな種類があります．

- ゼロによる除算
- 特権命令の実行
- 整数オーバフロー
- ページフォルト（ページ例外）
- メモリアクセス違反
- システム呼び出し（システムコール）
- 不正命令の実行

### 課題 例外の発生と処理

**問題** 次の例外を発生させて，オペレーティングシステムがどのような処理を行うか確認しなさい．

<環　境> ハードウェア ：　＿＿＿＿＿＿＿＿＿＿＿＿．

　　　　　オペレーティングシステム：　＿＿＿＿＿＿＿＿＿＿＿＿．

　　　　　プログラム言語 ：　＿＿＿＿＿＿＿＿＿＿＿＿．

(1)ゼロによる除算

| 例外を発生させるプログラム | 例外発生時の状況（メッセージなど） |
|---|---|
| | |

(2)整数オーバフロー

| 例外を発生させるプログラム | 例外発生時の状況（メッセージなど） |
|---|---|
| | |

(3)不正アドレスへのアクセス

| 例外を発生させるプログラム | 例外発生時の状況（メッセージなど） |
|---|---|
| | |

# *4・2*　**割込みの制御**

　割込みが発生すると現在実行中のプログラムは中断され，割込み処理ルーチンが割込み原因に応じた適切な処置をします．ここでは，割込み発生時の制御の流れと割込みの優先度について，具体的な事例を使いながら学習します．

## 1　割込み制御の流れ

　ある時点で3つのプロセスA，B，Cが下表のような状態にあるとします．そしてほどなく，プロセスCのデータ読み込みが完了し，「入出力割込み」が発生したとします．このときの制御の流れを考えます．

| | 状　　　　　　　　　　　態 |
|---|---|
| プロセスA | CPUが割当てられて命令を実行中（実行状態）． |
| プロセスB | CPUの割当てを待っている（実行可能状態）． |
| プロセスC | 磁気ディスクからデータを読み込み中（待ち状態）． |

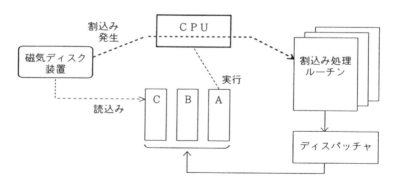

**割込み制御の流れ**

　上の図にしたがって割込み発生時の制御の流れを説明します．

## ◆割込みの発生

　プロセスCの磁気ディスクからのデータ読込みが終了すると，磁気ディスク制御装置は「入出力割込み」を発生させて，これをCPUに伝えます．割込

みが発生するとプロセス A の実行は強制的に中断され，該当する割込み処理
ルーチンが起動されます．この割込み発生時の一連の動作はハードウェアによっ
て瞬時に行われます．すなわち，いままで実行していたプロセス A のレジス
タ類（プログラムカウンタを含む）の内容を再開に備えてスタック領域に待避
します．そして割込み処理ルーチンの先頭アドレスをプログラムカウンタに設
定することで割込み処理ルーチンが動き出します．

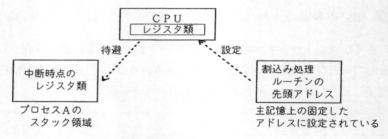

割込み処理ルーチンの起動

### ◆割込み処理ルーチン

　割込み処理ルーチンは，割込み原因別に用意されていて，割込み原因に応じ
た適切な処置を速やかに行います．この例では，プロセス C に入出力動作が
完了したことを伝えます．これによって，プロセス C は待ち状態から実行可
能状態に移り，CPU の割当てを待つことになります．なお，割込みによって
は利用者が割込み処理の内容を変更することもできます．

### ◆ディスパッチャ

　割込み処理が終わると，次に実行すべきプロセスを決定するためにディスパッ
チャが起動されます．ディスパッチャは，スケジューリングアルゴリズムにし
たがって次に実行するプロセスを選び，そのプロセスに CPU を割り当てます．
この割込みで実行を中断させられたのはプロセス A ですから，プロセス A に
CPU を与えるのが順当かもしれません．しかし，この時点で，プロセス A よ
りも優先度の高いプロセスが CPU を待っていれば，そのプロセスに CPU を
割り当てるのが一般的です．

## 2　CPU のモード

CPU には，ユーザモードとカーネルモードと呼ばれる二つのモードがあります．ユーザプログラムの走行中はユーザモード，オペレーティングシステムの走行中はカーネルモードとなります．CPU のモードと割込みの関係を図に示すと次のようになります．ユーザプログラムの走行中に割込みが発生するとCPU はカーネルモードに切り替わり，オペレーティングシステムのルーチンが動きます．割込み処理が終了してユーザプログラムに復帰すると，CPU はユーザモードに戻ります．なお，カーネルモードでオペレーティングシステムが走行中にも割込みが起こることがあります．これについては，割込みの優先度の所で説明します．

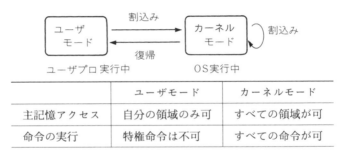

| | ユーザモード | カーネルモード |
|---|---|---|
| 主記憶アクセス | 自分の領域のみ可 | すべての領域が可 |
| 命令の実行 | 特権命令は不可 | すべての命令が可 |

**CPU のモード**

## 3　割込みの優先度

オペレーティングシステムが割込み処理を行っている間に，新たな割込みが発生することは大いに可能性があります．割込み処理ルーチンは，必要最小限のことを可及的速やかに実行するように設計されてはいますが，ソフトウェアのする仕事ですから割込みのスピードに太刀打ちすることはできません．そこで，割込みに優先度を設けて緊急度の高い割込みの処理を優先するようにしています．割込みの優先度は概ね次のようになっています．

① マシンチェック割込み
② タイマ割込み

③ 入出力割込み

④ 内部割込みに属する全ての割込み

なお，優先度の設計は，CPU やオペレーティングシステムによって異なりますので，これは一応の目安と考えて下さい．割込み処理中に新たに発生した割込みは，この優先度によって次のように処理されます．

・現在処理中の割込みよりも高い優先度の割込みが発生したときは，現在の割込み処理を中断し，新しい割込みの処理を先に行う．これを「割込みのネスト」といいます．

・現在処理中の割込みと同等もしくは低い優先度の割込みが発生したときは，現在の割込み処理が終了するまで（ハードウェアによって）割込みの受け付けが延期される．これを「割込みのマスク」といいます．

割込みのネストと割込みのマスクを図示すると，次のようになります．

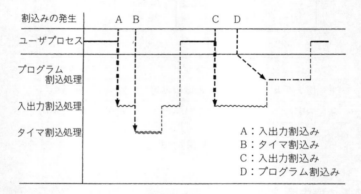

A：入出力割込み
B：タイマ割込み
C：入出力割込み
D：プログラム割込み

**優先度による割込みの処理**

この図はユーザプログラムの実行中に A から D の4種類の割込みが発生し，それらを割込み処理ルーチンがどのような順序で処理を行ったかを示しています．A の入出力割込みの処理中に B のタイマ割込みが発生すると，タイマ割込みの優先度が高いので，入出力割込みの処理を一時中断してタイマ割込みの処理を優先します．一方，C の入出力割込みの処理中に D のプログラム割込みが発生すると，プログラム割込みの優先度が低いので，プログラム割込みの処理は入出力割込みの処理が終わるまで延期させられます．

## 4　割込み処理関数の作成

　実行中のプログラムに何らかの原因があって発生する割込み（例外）につい
ては，割込みが発生したときの処理方法を，利用者が指定することができます．
例えば，プログラムの実行中にゼロ割りが生じた場合，通常そのプログラムは
直ちに強制終了させられますが，割込み処理方法を指定することによって演算
結果を 0 にして処理を進めることも可能になります．ここでは UNIX の場合
を例にして割込み処理関数の作り方について説明します．

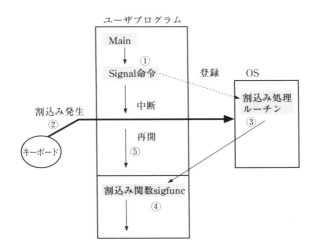

①　ユーザプログラムは signal システムコールを出して，OS に割込みが
　　発生したときの処理方法を登録します．signal システムコールは例えば
　　次のように記述します．

　　　　j = signal（SIGINT, sigfunc）；

　　　・SIGINT；登録する割込みの種類，SIGINT はキーボードからの
　　　　　＜CTRL＞C 入力（強制終了）を示します．
　　　・sigfunc；関数の名前，登録した割込みが発生するとこの関数が起
　　　　　動されます．
②　次にオペレータがキーボードから＜CTRL＞C を入力します．これによっ

て，実行中のプログラムを強制終了させる割込みが発生します．この割込みはユーザプログラムの実行を中断してオペレーティングシステムの割込み処理ルーチンに伝えられます．

③ 割込み処理ルーチンの標準的な処理は，プログラムの強制終了ですが，signal 命令で処理法方が登録されているので，プログラムの強制終了は行わず関数 sigfunc を呼び出します．

④ 割込み処理関数 sigfunc が起動します．これは通常の C 言語の関数ですから，例えば printf 命令でメッセージを表示することもできます．ここで適切な割込み処理を行います．

⑤ 割込み処理が終了すると，制御はメインプログラムに戻り中断された時点から処理を再開します．

### 課題 割込みの制御

3つのプロセス A，B，C が時点1の状態で動作しているとします．ある時間が経過して，時点2と時点3で次に示す事象によって割込みが発生します．

- 時点1 プロセス A は CPU を使用して命令を実行中．

  プロセス B は CPU を待っている．

  プロセス C は磁気ディスクからデータを読込み中．

- 時点2 プロセス A の演算でゼロ割りが発生した．

- 時点3 プロセス C のデータ読込みが終了した．

**(1)** 以下に示す状態表示の記号を用いて次のタイムチャートを完成させなさい.

| 時　　　点 | (1) | (2) | (3) |
|---|---|---|---|
| 割込みの発生 | | ★(ゼロ割り) | ★(入出力完了) |
| CPU のモード | | | |
| 割込み処理ルーチン ディスパッチャ | | | |
| プロセス A (低) プロセス B (中) プロセス C (高) | | | |

| [プロセスの状態] | | [CPU のモード] | |
|---|---|---|---|
| ・実行状態 | ——— | ・カーネルモード | ——— |
| ・実行可能状態 | ········· | ・ユーザモード | |
| ・待ち状態 | --------- | | |

**(2)** 時点 2 と時点 3 の割込み処理について説明しなさい.

# 4・3　コンテクストの切換え

　マルチプログラミングを実現するには，CPU を使って命令を実行しているプロセスから，CPU を取り上げて別のプロセスに CPU を割り当てる作業が頻繁に発生します．この作業を**コンテクスト切換え**（context switching）といい，オペレーティングシステムのきわめて重要な仕事の一つです．コンテクスト切換えは，通常割込みを契機として行われます．ここでは，コンテクスト切換えの仕組みを学習します．

## ■1■ プロセスの実行環境

　コンピュータシステムの中では，たくさんのプロセスがさまざまな活動を行っ

ています．オペレーティングシステムは，各プロセスの活動が常に正しく行われるよう，また他のプロセスから影響を受けたりしないように制御しています．プロセスの活動を保証するために必要な環境のことを**コンテクスト**（context）といいます．コンテクストとは，具体的に何なのかを見ていくことにします．

## （1）　アドレス空間

利用者のプログラムは，それぞれに専用のスペースが割り当てられて，そのスペースに配置されます．このスペースには，先頭から順にアドレスが付けられています．そして，他のプログラムは，決してこのスペースをアクセスすることはできません．このスペースのことを**アドレス空間**（address space）といいます．アドレス空間は，プログラムの命令部とデータ部そしてスタック領域から構成されます．アドレス空間の大きさや各領域の配置の仕方は，オペレーティングシステムによって異なります．UNIX系OSのアドレス空間の一例を次に示します．

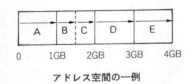

A：命令領域
B：データ領域
C：スタック領域
D：共通ライブラリ領域
E：共通データ領域

アドレス空間の一例

## （2）　レジスタ類

プログラムの実行には，各種のレジスタを使用します．したがってレジスタも重要なコンテクストの一つです．コンテクストとなるレジスタには次の種類があります．

・**プログラムカウンタ**

次に実行する命令のアドレスを指す．

・**プロセッサ状態レジスタ**

プロセッサ（CPU）のハード的な状態を示すレジスタ．

割込みによるプロセッサの実行レベルやプロセッサのモード（カーネルモード，ユーザモード）が含まれます．

・**スタックポインタ**

スタック中の次の項目を指すポインタ.

スタックには利用者プログラムが関数呼出しで使うユーザスタック領域と,OSが使うカーネルスタック領域があります. スタックポインタがどちらの領域を指すかは, プロセッサ状態レジスタのモードによって決まります. カーネルスタックについては後で説明します.

**・汎用レジスタ**

利用者プログラムがデータを格納し, 演算や比較・判定に使用します.

これらのレジスタ類はコンピュータシステムに1セットしかありません. したがってたくさんのプロセスで1セットのレジスタ類を共用することになります.

**(3)　システム情報**

オペレーティングシステムが各プロセスを管理するために必要な情報です.

**・PCB**（process control block）

プロセスの状態や資源の割当て状況などが入る.

**・ページテーブル**（page table）

仮想アドレスを実アドレスに変換するための情報が入る.

## 2　コンテクストの切換え

コンテクストの切換えは, マルチプログラミング環境を実現するためには必須の技術で, 割込み処理と並んでオペレーティングシステムの最も重要で基本的な仕事といえます. コンテクストの切換えがどのタイミングでどのように行われるのかを, UNIX系OSを参考にしながら見ていくことにします.

**(1)　コンテクスト切換えのタイミング**

現在CPUを使用しているプロセスからCPUを取り上げ, 別のプロセスにCPUを割り当てるまでの一連の作業がコンテクストの切換えです. コンテクストの切換えは, 次のような状況で発生します.

- プロセスが活動を終了して消滅した.
- プロセスが入出力命令の実行等により待ち状態になった.
- プロセスの実行中に割込みが発生した.
- プロセスがシステムコール命令を実行した.

　上の二つは，プロセスが自ら CPU の使用を放棄したわけですから切換えが起こるのは当然といえます．三番目の割込みは，プロセスの活動とは非同期に起こりますが，より公平なスケジューリングを実現するため，割込み発生ごとにコンテクストの切換えを試みます．ここでいう割込みには，一定時間ごとに発生するタイマ割込みも含まれますから，CPU 使用中のプロセスは常に切換えの危機に瀕していることになります．なお，四番目のシステムコールは，割込みの一種と考えて三番目に含めてもよいのですが，プロセスが自主的に出した命令によっても，コンテクストの切換えが起こることを示したものです．コンテクストの切換えによって，次に CPU を使用できるプロセスがどれになるのかは，スケジューリングアルゴリズムによります．適当なプロセスが存在しないときは，前のプロセスが引き続き CPU を使用することもあります．

### （2）　コンテクストの待避と復元

　コンテクストの切換えは，実行中のプロセスのコンテクストを待避し，別のプロセスのコンテクストを復元することで実現します．待避と復元の対象になるのはレジスタ類コンテクストだけです．アドレス空間とシステム情報は，各プロセスに固有のものが存在するので，待避・復元の必要はありません．各プロセスはユーザスタックとカーネルスタックの二つのスタック領域をもっています．ユーザスタックは，利用者プログラムの関数呼出しに使われますが，カーネルスタックは，レジスタ類コンテクストの待避場所として使われます．

### （3）　コンテクスト切換えの例

　プロセス A の実行中に割込みが発生し，その割込みを契機としてコンテクストの切換えが起こる状況を考えます．

①　プロセス A が CPU を割り当てられて命令を実行している．

②　プロセス A がシステムコール命令を実行する（システムコール割込み）．

③　システムコール割込みの処理中に入出力割込みが発生する．

④　OS は優先度の高い入出力割込みの処理を先に行う．

⑤　それから，システムコール割込み処理の続きを行う．

⑥　割込み処理がすべて終わったところで，コンテクスト切換えが起こり，プロセス B に CPU を割り当てる．

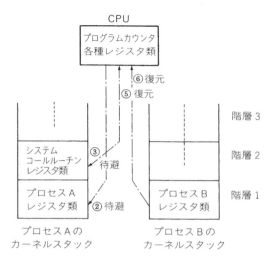

**コンテクストの切換え**

　プロセスＡがシステムコール命令を実行した時点②で，プロセスＡのレジスタ類がカーネルスタックの最下位層に待避されます．次に，入出力割込みが発生した時点③で，システムコールルーチンのレジスタ類が次の層に待避されます．もし，入出力割込みの処理中にさらに優先度の高い割込みが発生すると，入出力割込み処理ルーチンは階層３に待避されます．入出力割込み処理が終了すると⑤，階層２のレジスタ類が復元され，システムコールルーチンの続きが実行されます．

　このように，カーネルスタックの階層は割込みのネスト処理を実現するために割込み処理ルーチンのレジスタ類の待避場所として使われます．そして，割込み処理がすべて終了すると，スケジューリングアルゴリズムによって，次に実行すべきプロセスＢが選ばれます．プロセスＢのレジスタ類は，プロセスＢの実行が中断した時点で自分のカーネルスタックの最下位層に待避されています．これを復元することで⑥，プロセスＢの実行が再開し，コンテクストの切換えが実現します．

# 4章　演習問題

4-1　CPUへの割込みに関する次の記述中の　□□□　に入れるべき適切な字句を，解答群の中から選べ.

(1)　現在，実行しているプログラムを中断し，必要とする別の処理に切り替えることを割込みという. 割込みは，その原因によって大きく　a　と　b　に分けられる.　a　は，実行中のプログラムが原因で引き起こされ，　b　は，実行中のプログラムに関係なく，入出力装置の動作終了などによってひき起こされる.

(2)　割込みを発生させる原因を例示すると，表のようになる.

**表　割込み原因**

| 割込み種別 | 原因事象例 |
|---|---|
| a | ゼロによる除算，不正な命令の実行，セグメント／ページ不在，　c　，　d　，　e |
| b | 主記憶装置の障害，電源の異常，入出力動作終了，　f　，　g |

(3)　割込みの制御方法として，複数の割込み原因が同時に発生した場合の優先度制御がある. 一部又はすべての割込みを抑制するため，　h　による方法がある.

＜a，bに関する解答群＞

　　ア　外部割込み　　　　イ　緊急割込み　　　ウ　自動割込み

　　エ　手動割込み　　　　オ　内部割込み

＜c～gに関する解答群＞

　　ア　IPL　　　　　　　　　　　イ　オペレータ介入

　　ウ　回線瞬断　　　　　　　　エ　記憶保護例外

　　オ　けたあふれ（オーバーフロー）　カ　所定時間の経過

　　キ　端末故障　　　　　　　　ク　モード切替え命令の実行

＜hに関する解答群＞

　　ア　マイクロ命令　　　イ　マスク　　　　　ウ　リング保護方式

## 【解答】

a － オ 内部割込み

b － ア 外部割込み

c － エ 記憶保護例外

d － オ けたあふれ

e － ク モード切替え

f － イ オペレータ介入

g － カ 所定時間経過

h － イ マスク

※c, d, e と f, g はそれぞれ順不同です.

解説

割込みの種類に関する基本的な問題といえます. 計算機内部で発生するさまざまな現象を体系的に整理して学習しておきましょう.

a•b : 割込みの分類

割込みには大きく分けて, 外部割込みと内部割込みがあります.

c～e : 内部割込み

c. 主記憶上で自分の領域以外のアドレスを指定したときに起きる割込みです.

d. 乗算による桁あふれのときに起こる割込みのことです.

e. モード切替え命令を(システムコール命令)実行したときに起こる割込みです.

f•g : 外部割込み

f. オペレータが介入したときに起こる割込みです.

g 所定の時間が経過したことを伝える割込みで, タイマ割込みと呼ばれます.

h : 割込みのマスク. 割込みの制御方法の一つです.

---

**4-2** 中央処理装置(CPU)に割込みが発生する条件を次の中から六つ選べ.

ア 主記憶装置中の, アクセス権限を認められていない領域にアクセスしようとした場合.

イ 磁気ディスク上の, アクセス権限を認められていないファイルにアクセスしようとした場合.

ウ 入出力動作が完了した場合.

エ タイマの値がセットした値に達した場合.

　オ　インタリーブ方式による主記憶装置の読出しが完了した場合.

　カ　バッファ記憶装置（キャッシュメモリ）のヒットミスが生じた場合.

　キ　スーパバイザを呼び出した場合.

　ク　サブルーチンを呼び出した場合.

　ケ　演算に異常（オーバフロー，アンダフロー，ゼロによる除算等）が生じ
　　　た場合.

　コ　電源に異常が生じた場合.

【解答】

　ア　（記憶保護例外）

　ウ　（入出力割込み）

　エ　（タイマ割込み）

　キ　（システムコールまたはスーパバイザコール）

　ケ　（プログラム例外）

　コ　（マシンチェック割込み）

解説

　割込みの発生原因に関する基本的な問題です．割込みが発生する6項目については，
解答のところに発生する割込みの名称を付けておきました．

　イ．磁気ディスク上のアクセスについては割込みは発生しません．アクセス権の管
　　　理はオペレーティングシステムの仕事です．

　カ．キャッシュメモリのヒットミスが生じても，ハードウェアが主記憶から目的の
　　　データを読み取ってくれるので，割込みは発生しません．ただし，仮想記憶シス
　　　テムで目的のページが主記憶上にない場合は「ページフォルト」割込みが発生し
　　　ます．

# 第5章 仮想記憶システム

## 5·1 主記憶の管理

主記憶装置は，いうまでもなく実行しようとするプログラムを配置するための装置です．フォン・ノイマンの提唱したプログラム内蔵方式の原理は，半世紀近くを経過した今日でもなんら変わっていません．さて，主記憶装置の容量には自ずと限界があります．ひと昔前の記憶素子に磁気コアが使われていた時代は，大型コンピュータといえども主記憶容量は数百キロバイトでした．一方で世の中の情報化は急速に進み，プログラムは複雑で大きなものになっていきました．このような背景から，限られた主記憶装置をどのようにしてプログラムに割り当てて有効に活用すればよいかという問題が，オペレーティングシステムの大きな課題となりました．ここでは，主記憶装置を有効活用するための伝統的ないくつかの技法について学習します．

### 1 オーバレイ構造

**オーバレイ構造**（overlay structure）は，プログラムを**セグメント**（segment）と呼ばれる小さな単位に分割し，複数のセグメントで主記憶の同じ領域を共用する構造をいいます．セグメントへの分割は使用できる主記憶の容量とプログラム全体の構造から決めていきますが，一つのセグメントは，論理的に意味のある単位となるように関数やサブルーチンの集合として構成されます．次に簡単なオーバレイ構造の例を示します．

[プログラム]　　　　　　　　　　　[オーバレイ構造]

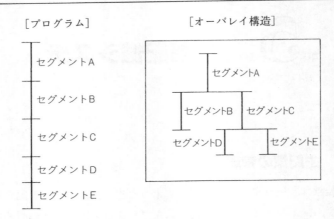

**オーバレイ構造**

　この例では，セグメント B とセグメント C が主記憶上の同じ領域に割り当てられます．またセグメント D とセグメント E も同一領域になります．セグメント A は，**ルートセグメント**（root segment）と呼ばれ，プログラム実行中は常に主記憶上に存在します．セグメント B とセグメント C は，主記憶上の同じ領域を使用するため，セグメント B が実行中のときはセグメント C は二次記憶（通常は磁気ディスク装置）に追い出されます．そしてセグメント C の実行が始まるときに今度はセグメント B を追い出して，セグメント C を主記憶上に呼び戻します．このようにオーバレイ構造では，複数のセグメントで主記憶を共用することによって，プログラム全体で使用する主記憶の節約を図っています．

　仮想記憶システムがこの世に登場するまでは，大半のプログラムはこのオーバレイ構造に頼らざるを得ませんでした．しかし，この構造は次に示すようないくつかの問題点を内蔵しており，当時のプログラム設計は大変な苦労を強いられました．

- オーバレイ構造は，モジュールの階層構造と密接な関係にあります．上の例ではセグメント B に属するモジュールからセグメント C に属するモジュールを呼び出すことはできません．すなわち親子関係にある二つのモジュールを同一主記憶領域を使用する二つのセグメントにまたがって配置することは

できません.

- セグメントを二次記憶へ待避したり，主記憶上へ復元する操作は，磁気ディスクへのアクセスを伴うため時間がかかります．例えば上の例で，セグメントDに属するモジュールとセグメントEに属するモジュールが交互に何回も呼ばれると，そのたびにセグメントの待避，復元が発生します．このような場合，主記憶に少しでも余裕があるなら交互に呼ばれる二つのモジュールを一つのセグメントに納めるべきでしょう．そうすれば，プログラムの実行時間は大幅に短縮されるはずです.

## 2　複数プログラムの割付け

マルチプログラミングを実現するには，複数のプログラムを同時に主記憶上に配置する必要があります．当時のオペレーティングシステムが採用していた代表的な二つの方法について学習します.

### (1)　固定区画割付け

主記憶をあらかじめ固定した大きさの**区画**（partition）に分割しておき，ジョブを最適な区画に割り当てて実行させるという最も単純な方法です．次に例を示します．この例では全体で60KBの領域を３つの区画1，2，3に分割しています．ジョブAは区画1に，ジョブBは区画3に割り当てられますが，ジョブCは区画3でしか実行できないのでジョブBが終了するまで待たされることになります.

この方法は実現は容易ですが，次のようないくつかの問題を抱えています.

- 各区画内に使われない領域ができてしまう.
- 最大の区画より大きなジョブは実行できない.
- 同時に実行できるジョブの数が区画の数に制約されてしまう.

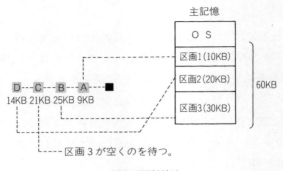

固定区画割付け

## (2)　可変区画割付け

　主記憶をあらかじめ区画に分けることをせず，ジョブの実行開始時に必要な大きさの**領域**（region）を切り出してジョブに割り当てる方式です．次に例を示します．

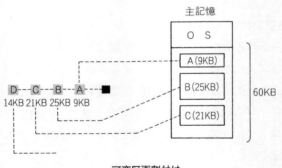

可変区画割付け

　利用できる主記憶の容量は 60KB とします．ジョブ A，B，C は順に必要な大きさの領域が割り当てられて実行が始まります．この時点で主記憶は 60KB のうち 55KB が使われていますので，残りは 5KB になります．これではジョブ D は実行できませんから，実行中のジョブのうちいずれかが終了するまで待たされます．いま，ジョブ A が最初に終了したとします．そうすると，この時点での主記憶の空き領域は 5 + 9 = 14KB となって，計算上ではジョブ D の実行が可能になりますが，しかし 14KB の領域は二つに分断されているのでこのままでは実行できません．

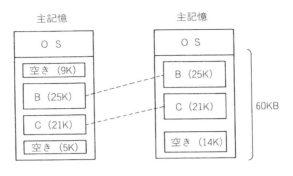

コンパクション

　このように主記憶装置上に小さな空き領域があちこちにたくさんできてしま
う現象のことを**フラグメンテーション**（fragmentation）といいます．可変区
画方式の主記憶管理では，ジョブが終了すると，そのジョブが使っていた領
域は空き領域となるのでフラグメンテーションの発生は避けることができま
せん．フラグメンテーションを放置しておくと，空き領域は十分にあるのにそ
の領域が分断されているため，新しいジョブの実行ができないという困った事
態となります．このような事態を打開する一つの方法として**コンパクション**
（compaction）があります．コンパクションは，実行中のジョブを主記憶上
で移動させることによって，分断されている空き領域を連続した大きな領域に
まとめてしまうものです．先の例でもジョブ A の終了後にコンパクションを
行えば，14KB の空き領域が生まれるので，ジョブ D の実行が可能になりま
す．しかしコンパクションは実行中のすべてのジョブを一時的に休止状態にし
てジョブを主記憶上で移動させるのですから大変なオーバヘッドを伴います．
コンパクションの断行は，必要最小限にとどめるべきです．このあたりが可変
区画割付けによる主記憶管理の限界といえるかもしれません．

## 課題　主記憶の管理

（1）　次のモジュールから構成されるプログラムを主記憶容量が最小になるようなオーバレイ構造として設計し，オーバレイ構造図と必要な主記憶容量を答えなさい．

| モジュール | 大きさ | 子モジュール |
|---|---|---|
| A | 20KB | B，C |
| B | 30KB | E |
| C | 20KB | D，E |
| D | 20KB | ―― |
| E | 10KB | ―― |
| 計 | 100KB | |

（2）　次の6つのジョブが順に主記憶にローディングされて実行するときの主記憶マップを図示しなさい．主記憶の容量は500KBとする．

| ジョブ | 大きさ | 実行時間 |
|---|---|---|
| J1 | 100KB | 10分 |
| J2 | 250KB | 20分 |
| J3 | 200KB | 20分 |
| J4 | 150KB | 30分 |
| J5 | 250KB | 30分 |
| J6 | 250KB | 20分 |

＜ケース1＞可変区画割付けでコンパクションを行わない．

＜ケース2＞可変区画割付けで全体の実行時間が最小になるようにコンパクションを行う．

# 5・2　仮想記憶の仕組み

**仮想記憶システム**（virtual storage system）は，主記憶の容量よりも大きなプログラムの実行を可能にするという主記憶管理の歴史の中でも画期的な方式といえます．世の中ではじめての本格的な仮想記憶システムを採用したコンピュータは，1970 年に登場した IBM のシステム/370 で，1964 年のシステム/360（世界で初の本格的な汎用コンピュータ）と並んで，コンピュータの歴史を築いてきた名機といえます．いまでは，仮想記憶システムは，オペレーティングシステムの標準機能として広く普及しており，大型汎用機やワークステーションはいうに及ばず，パソコンの OS にも取り入れられています．

## 1　仮想記憶の概念

前節で学習したオーバレイ構造や固定区画割付け，可変区画割付けの各技法は，いずれも限られた主記憶を有効利用するために生み出されたものですが，それぞれに問題点を抱えており，ますます大規模で複雑になるシステムには対応できなくなってきました．仮想記憶システムは，このようないままでの技術の蓄積を活かしながら，しかし全く別次元の発想によって生まれたシステムといえます．

実行すべきプログラムを保持しておく場所のことを**アドレス空間**（address space）といいます．プログラムには必ずアドレスがついているので，アドレスがつけられた空間という意味で，このように呼びます．アドレス空間は当然のこととして主記憶上に置かれました．プログラム内蔵型のコンピュータでは，プログラムを主記憶上に置いておかないと実行できないからです．そしてアドレス空間にはプログラム全体がすっぽりと収まりきるだけの大きさが要求されます．例えば 20KB のプログラムを収容するには，少なくとも 20KB 以上のアドレス空間が必要になります．オーバレイ構造は大きなプログラムを小さなアドレス空間に収めるためのテクニックであり，固定区画割付けは，大きさの決められたいくつかのアドレス空間を主記憶装置に割り付けたにすぎません．

仮想記憶システムは，アドレス空間を主記憶装置から分離独立させるところ

から始まります．すなわち，物理的に大きさの制約を受けない仮想的な記憶装置を考えて，そこにアドレス空間を配置します．この仮想的な記憶装置のことを**仮想記憶**（virtual storage）といいます．こうすればアドレス空間の大きさは，主記憶装置の容量には制約されなくなるので大きなプログラムを扱うことが可能になります．

　一方で，プログラム内蔵方式の原理から CPU が取り扱う命令やデータは，主記憶装置上に存在する必要があります．CPU が直接的に仮想記憶をアクセスすることはできません．そこで，仮想記憶システムでは主記憶装置のことを CPU から見た実際の記憶装置という意味で，**実記憶**（real storage）といいます．

　さて仮想記憶システムにおける命令実行のメカニズムは，仮想記憶に置かれているプログラムの中から命令の実行に必要な部分だけを実記憶（主記憶装置）に取り出してきて，あとはいままでと同様に，CPU が主記憶をアクセスして命令を実行していくというものです．このようにして主記憶装置の容量よりも大きなプログラムを実行させることが可能になります．ここで重要なことは，利用者（プログラマ）は，これらのメカニズムを全く意識する必要がないということです．すなわち，利用者から見ると途轍もなく大きな記憶装置があって，その記憶装置を自分一人で自由自在に使うことができるので思う存分大きなプログラムを作ってそれを動かすことができるのです．利用者が意識するのは自分のプログラムのアドレス空間が置かれている仮想記憶だけであって，仮想記憶上のプログラムが CPU によって直接実行されているかのように見えます．主記憶装置はブラックボックス化されてしまい，利用者からは全く見えない状態になります．仮想記憶システムと呼ばれる由縁はこのあたりにあるのかもしれません．

## 2　プログラム実行のメカニズム

　仮想記憶システムにおけるプログラム実行の基本的なメカニズムについて考えます．仮想記憶システムを実現する方法として，**ページング**（paging）方式と**セグメンテーション**（segmentation）方式の 2 種類がありますが，ここ

では実際の OS でも標準的に採用されているページング方式に基づいて説明します.

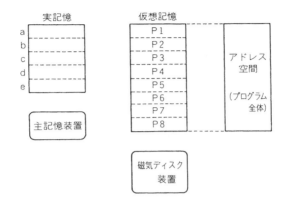

実記憶と仮想記憶

　仮想記憶上には, プログラム全体が収容できる大きなアドレス空間が設置されます. 仮想記憶を物理的に実現するために磁気ディスク装置が用いられます. 仮想記憶上に置かれたプログラムは, **ページ**（page）と呼ばれる固定された大きさの単位に分割されます. ページは, 仮想記憶と実記憶の間でプログラムを転送する際の単位で, 1 ページの大きさは 2 KB または 4 KB がよく用いられます. 実記憶（主記憶装置）の方も, ページの転送ができるように記憶領域を固定された大きさの単位に分割します. 分割された一つ一つの単位のことをページ枠（page frame）といいます.

## （1）　ページインとページアウト

　それでは, 上の図を使いながら仮想記憶上のプログラムが実行されていく過程を見ていくことにします. 仮想記憶上には 8 ページのプログラムが乗っています. 主記憶上には 5 ページ分のページ枠がありますが, 最初はどのページ枠も空の状態です. プログラムの実行が始まって CPU が第 1 ページの中にある命令を実行しようとすると, オペレーティングシステムはプログラムの第 1 ページを主記憶の空いているページ枠（例えばページ枠 a）へ転送します. これで CPU は第 1 ページ内の命令を実行することが可能になります. このように,

仮想記憶上のページを主記憶上のページ枠へ転送することを**ページイン**
（page in）といいます．プログラムの実行が進んで第 2 ページの命令を実行
する段階になると，今度は第 2 ページがページインされます．このようにして
必要なページが次々とページインされながらプログラムの実行が進んでいきま
す．

　さて，主記憶上には 5 つのページ枠しかないので同時に主記憶上に存在でき
るページは 5 ページまでです．いま，主記憶上のすべてのページ枠にページが
存在する状態で新たなページのページインが必要になったとします．この場合
は，どこかのページ枠に存在するページを仮想記憶上に追い出して，そのペー
ジ枠を空き状態としてから必要なページをそのページ枠に転送します．このよ
うに主記憶上のページを仮想記憶に追い出すことを**ページアウト**（page out）
といいます．

### (2)　ページフォルトとスラッシング

　仮想記憶システムでは，主記憶と仮想記憶との間でページのやりとりを行う
ページイン，ページアウトを避けて通ることはできません．しかし，これらの
動作は，磁気ディスク装置へのアクセスを伴うため，数ミリ秒から数十ミリ秒
というオーダの時間がかかります．この時間は CPU が単純に命令を実行する
時間（数ナノ秒から数十ナノ秒）に比べると途轍もなく長い時間です．何らか
の原因でページイン，ページアウトが頻発するとオペレーティングシステムは，
ページ転送の作業に忙殺され我々のプログラムが一向に進まなくなってしまい
ます．この状態を**スラッシング**（thrashing）といいます．仮想記憶システム
にとってスラッシングはきわめて危険な状態であり，その予防には運用管理上
の細心の注意が必要になります．

　ページイン，ページアウトが発生する直接の原因は，実行しようとするペー
ジが主記憶上に存在しないことです．このような現象を**ページフォルト**
（page fault）といいます．プログラムの実行開始直後は必要なページが次々
と主記憶上に転送されますが，プログラムが定常状態に入り主記憶上のページ
枠が必要なページで満たされた状態では，ページフォルトの発生はある一定範
囲内に収まってもらわないと困ります．すなわち，プログラム実行中のペー

フォルトの発生をいかに少なく抑えられるかが，仮想記憶システムのきわめて重要な鍵になります．

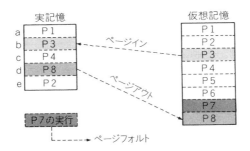

ページの転送とページフォルト

## 課題　仮想記憶の仕組み

（1）　次のような 16KB（8 ページ）のプログラムが 10KB（5 ページ）の主記憶で動作するとき，主記憶がどのように使われるかを考える．

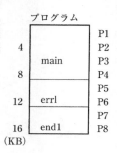

［プログラムの説明］

・main　　データ処理を繰り返し行う．データ1件の処理で P1 から P4 まで順に動く

・errl　　データにエラーがあったときに動く．

・endl　　全てのデータ処理が終了したときに動く．

　このプログラムは10件のデータを処理し，5件目のデータのみがエラーで，他のデータは正常であった．

　次の時点における主記憶（5 ページ）の状態を図示せよ．

ア　プログラムの実行開始前

イ　1件目のデータ処理が終わったとき

ウ　4件目のデータ処理が終わったとき

エ　5件目のデータ処理が終わったとき

オ　6件目のデータ処理が終わったとき

カ　10件目のデータ処理が終わったとき

キ　プログラムの実行が終了したとき

# 5·3 アドレス変換

仮想記憶システムではプログラム全体は仮想記憶に置かれ，実行に必要なページが主記憶上に読み出されて実行されます．仮想記憶上にはプログラムにつけられたアドレス（仮想アドレス）が存在し，主記憶上には主記憶装置のハードウェアアドレス（実アドレス）があります．仮想記憶システムでは，これらの2種類のアドレスを扱うことになります．

## ■1 仮想アドレス

仮想記憶システムでは仮想記憶上にアドレス空間が存在し，そのアドレス空間にプログラム全体が置かれることになります．仮想記憶上のアドレス空間につけられたアドレスを**仮想アドレス**（virtual address）といいます．仮想アドレスを何ビットで表現するかということは，仮想記憶システムを設計する上でのきわめて重要なポイントになります．n ビットで表現できるアドレス空間の大きさは $2^n$ バイトですから，仮想アドレスを表現するビット数によって実行できるプログラムの大きさが決まります．仮想記憶の実体は磁気ディスク装置だから，磁気ディスクに入りさえすればどんなに大きなプログラムでも動くだろうというのは誤りです．それでは，実際の仮想記憶システムはどうなっているのでしょう．いくつかの例を見てみることにします．

| コンピュータ | O S | | 仮想アドレス | アドレス空間 |
|---|---|---|---|---|
| 大型汎用機 | MVS | (1970) | 24ビット | 16メガバイト |
| 大型汎用機 | MVS/XA | (1981) | 31ビット | 2ギガバイト |
| ワークステーション | UNIX 4.3BSD | (1983) | 32ビット | 4ギガバイト |
| パソコン | WindowsNT | (1993) | 32ビット | 4ギガバイト |

1970 年に世界で初の本格的な仮想記憶システムを搭載した IBM システム/370 が発表され，16 メガバイトのアドレス空間が実現したときは，そんなに大きなプログラムを誰が作るのだろうと疑問視する向きも少なくなかったようです．しかし当時の設計陣は 16 メガバイトでは数年後にはすぐに限界に達して

しまうだろうと予測していました．その予測を裏打ちするかのようにアドレス空間の大きさは年々大きくなり，最近発表されたマイクロソフト社の Windows NT では何とパソコンで 4 ギガバイトを実現してしまいました．

　次に仮想アドレスの構成について考えます．下図に示すように仮想アドレスは「ページ番号」と「ページ内アドレス」の二つの部分から構成されます．

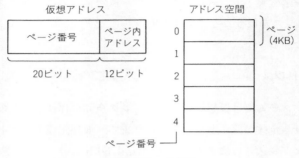

**仮想アドレスの構成**

　仮想記憶上のアドレス空間は一定長の「ページ」と呼ばれる単位に分割されます．「ページ番号」はそのページにつけた番号でアドレス空間の上から順に0，1，2，……とつけます．「ページ内アドレス」は各ページごとのページの先頭からの変位，すなわちページの先頭から数えて何バイト目にあるかを示します．実用化されている多くのシステムでは 1 ページの大きさを 4 キロバイトとしています．そうすると「ページ内アドレス」は 4 キロバイト分のアドレスを表現するために 12 ビットが必要（$2^{12} = 4096$）になります．仮想アドレスの表現に 32 ビットを使うとすると，残りの 20 ビットが「ページ番号」のために使われます．ちなみに $2^{20} = 1$ メガですから，仮想アドレス空間には約 100 万個のページが存在し得ることになります．

## 2 　実アドレス

　仮想記憶システムといえども，CPU が命令を実行する段階ではその命令やデータは主記憶上に存在し，命令やデータの存在位置を示すアドレスは主記憶装置につけられたアドレスが使われます．これを**実アドレス**（real address）

といいます．実アドレスは次図に示すように「ページ枠番号」と「ページ内ア
ドレス」で構成されます．

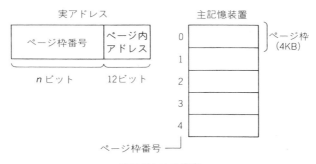

**実アドレスの構成**

　主記憶装置は，プログラムのページを収めるためにページ枠と呼ばれる単位
に分割されます．「ページ枠番号」はこのページ枠を識別するためにつけられ
た番号です．「ページ内アドレス」は各ページ枠の先頭からの変位を示します．
仮想アドレスを何ビットで表現するかによってアドレス空間の大きさが決まっ
たのに対して，実アドレスのビット数は，コンピュータシステムにおける実装
可能な主記憶装置の容量に影響を与えます．例えば，最大で256メガバイトの
主記憶装置が実装できるシステムでは，実アドレスの表現に28ビットが必要
になります．

## ③　アドレス変換の実際

　アドレス空間につけられた仮想アドレスを主記憶上の実アドレスに変換する
ことを**アドレス変換**（address translation）といいます．仮想記憶システム
では一つ一つの命令を実行するたびにこのアドレス変換作業を行っています．
プログラムの実行開始時点でまとめてやってしまえば楽なのですが，そうはい
きません．プログラムのページと主記憶上のページ枠の関係は決して固定的な
ものではなく，プログラムの進行にともなって動的に変化するからです．した
がってこのアドレス変換作業のスピードは，コンピュータシステム全体の性能
に大きな影響を及ぼすことになり，いかに高速に短時間で行うかが最大の課題

となります.

　それでは UNIX や Windows NT/95 で採用されている 32 ビット仮想アドレス方式におけるアドレス変換の仕組みを見ていくことにします.

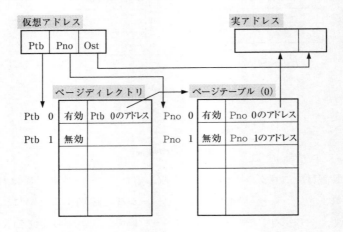

## (1)　ページディレクトリとページテーブル

　仮想アドレスを実アドレスに変換するためにページディレクトリとページテーブルが使われます. ページディレクトリは一つのプログラムに対して必ず一つ存在し, 最大 1024 個のページテーブルとリンクすることができます. 一つのページテーブルは最大 1024 個のページを管理できるので 1024×4KB ＝ 4096 KB, すなわち 4MB までのプログラムであれば一つのページテーブルで間に合うことになります. プログラムが大きくなると必要なページテーブルの数も増加します. ページテーブルの最大数は 1024 個ですから, 一つのプログラムの大きさは論理的には 4GB まで可能ということになります. 有効／無効は該当するページテーブルやページが主記憶上に存在するか否かを示します.

## (2)　仮想アドレスの表現

　仮想アドレス（32 ビット）は次の 3 つの部分から構成されます.

| ページテーブル番号 | | ページ番号 | | ページ内オフセット | |
|---|---|---|---|---|---|
| (Ptb) | 10ﾋﾞｯﾄ | (Pno) | 10ﾋﾞｯﾄ | (Ost) | 12ﾋﾞｯﾄ |

**・ページテーブル番号（Ptb）**

　この仮想アドレスを管理しているページテーブルの番号が入ります．この番号でページディレクトリをサーチし，目的のページテーブルのアドレスを知ることができます．

**・ページ番号（Pno）**

　ページテーブル番号で探した目的のページテーブルの中で，この仮想アドレスが存在するページの番号が入ります．この番号でページテーブルをサーチし，目的のページが存在する主記憶上のアドレスを知ることができます．目的のページが無効表示であればそのページは現在主記憶上には存在しないので，ページフォルト割込みが発生し必要なページを主記憶上に読み込むことになります．

**・ページ内オフセット（Ost）**

　このアドレスがページの先頭から何バイト目にあるかを示します．この値はそのまま実アドレスの後ろ 12 ビットを構成することになります．


　これらの変換作業は，**動的アドレス変換機構**（dynamic address translator；DAT）と呼ばれる専用のハードウェアによって高速に処理されます．仮想アドレスと実アドレスはレジスタ上で扱うので問題はありません．しかし，ページテーブルは容量が大きいため主記憶上に置かれます．そうすると，アドレス変換作業のために余分な主記憶へのアクセスが発生することになり，これは性能上好ましいことではありません．この問題を解決するために，**連想記憶**（associative memory）と呼ばれる高速な記憶装置が用いられます．ページテーブルの中で使用頻度の高い項目を連想記憶上に乗せて置くことによって，主記憶へのアクセス回数を大幅に削減することが可能になります．

## 課題 アドレス変換の仕組み

次の図は8ページ（32KB）のプログラムが3ページの主記憶で動作している様子を示している.

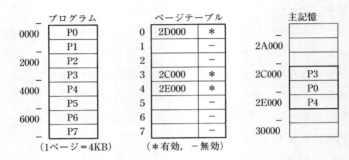

（1） 仮想アドレス $(31A2)_{16}$ 番地にデータ X がある. プログラムがデータ X を参照したときデータ X の仮想アドレスが実アドレスに変換される様子を図示せよ.

（2） 仮想アドレス $(62C4)_{16}$ 番地にデータ Y がある. プログラムがデータ Y を参照するとどのような現象が起こるか説明せよ.

（3） ページの入れ替えが起こり，[P5] が主記憶の $(2B000)_{16}$ にページインされ，[P0] がページアウトされた.［P0］が使用していた主記憶は他のプログラムに割り当てられた. このときのページテーブルの状態を図示せよ.

# 5·4　仮想記憶システムの運用

　仮想記憶システムでは，これから実行しようとするページが実記憶上に存在しない状態（ページフォルト）の発生を避けることはできません．しかしページフォルトが発生すると，オペレーティングシステムは仮想記憶装置（磁気ディスク装置）との間でページの転送を行うため，その間プログラムの実行は中断してしまいます．すなわち，ページフォルトの発生はプログラムの実行時間やシステム全体の性能に重大な影響を与えます．ページフォルトの発生頻度については，仮想記憶システムを運用するにあたって常に細心の注意をはらう必要があります．

## 1　ページフォルトの影響

　ページフォルトの性能面への影響を具体的な数字を使って確かめてみましょう．主記憶の平均アクセス時間が m の計算機システムで，ページフォルトの発生する確率を p とします．そしてページフォルトの処理に要する時間を f とすると，ページフォルトを考慮した実効的なアクセス時間 e を求めることができます．

$$e = p \times f + (1-p) \times m$$

　この式は，ページフォルトが発生する場合と発生しない場合との加重平均を求めているにすぎません．確率 p はページフォルトの発生頻度を命令の実行回数で表します．例えば1万回に1回の割でページフォルトが発生する場合は p = 0.0001 となります．問題は実効的なアクセス時間 e が主記憶の性能値 m に比べてどの程度の値になるかです．すなわち e = α×m としたときの α の値です．例えば α = 2.0 ということは，仮想記憶システムのために主記憶の性能を半分しか発揮できていないことになります．これでは，いかに仮想記憶システムが優れているといっても肩身の狭い思いを禁じ得ません．α の妥当な値は1.1 から1.2 程度，すなわち仮想記憶システムによる性能の劣化は，本来

の性能の 1 〜 2 割までと考えるべきでしょう.

　具体的な数字を使って確かめてみることにします.

- 主記憶のアクセス時間　　　　100 ナノ秒　（m = 100）
- ページフォルトの処理時間　　10 ミリ秒　（f = 10×10$^6$）
- ページフォルトの発生頻度　　20 万命令に 1 回　（p = 0.000005）

とすると, 実効的なアクセス時間 e は

$$e = 0.000005×10\,000\,000+(1-0.000005)×100$$
$$= 50+100 = 150（ナノ秒）$$

となります. ちなみに最新の主記憶装置は, アクセス時間 100 ナノ秒のオーダを実現していますし, アクセス時間数 10 ナノ秒のキャッシュメモリによってシステム全体の性能はさらに向上します. ページフォルトの処理には磁気ディスクの入出力を伴うので, 数 10 ミリ秒のオーダは仕方のないところです. この条件でページフォルトが 20 万回に 1 回起こるとすると, 実効的なアクセス時間は, 本来の性能の 1.5 倍になってしまうのです.

　次に, 1 秒間に発生するページフォルトの回数を求めます. ページフォルトが 20 万回に 1 回起こると, 主記憶を 20 万回アクセスするのに要する時間は, 次の計算によって 30 ミリ秒となります.

$$100（ナノ）×200\,000+10\,000\,000（ナノ）=30\,000\,000（ナノ秒）$$
$$=30（ミリ秒）$$

したがって, 1 秒間に発生するページフォルトの回数は約 33 回になります. CPU や磁気ディスクの性能によって変動はしますが, 1 秒間に許容されるページフォルトの回数は 20 から 30 回程度と考えておいてよいでしょう. この値を超えるとシステムの性能は急速に悪化しきわめて危険な状態になります. なお, ページフォルトの発生状況についてはオペレーティングシステムのモニタリングプログラムを使って調べることができます.

## 2　ページフォルトの防止

　ページフォルトの発生をできるだけ防止するためには，各種の方策が必要になります．これを順に見ていくことにします．

### (1)　プログラムに割り当てる主記憶の大きさ

　もし，プログラムと同じ大きさの主記憶が割り当てられていればページフォルトは発生しません．しかしそれでは仮想記憶システムの意味がなくなってしまいます．逆に10のプログラムに対して1の主記憶しか割り当てられていなかったとすると，ページフォルトが頻発しスラッシング状態に陥ることが想定されます．経験的には10のプログラムに対して7から8の主記憶が必要といわれています．いずれにしても，実装されている主記憶の容量とそこで実行されるプログラムの大きさは常に注意深く見守る必要があります．仮想記憶システムなら，どんなに大きなプログラムも問題なく動くというのは大変な誤りです．なお，プログラムに割り当てるべき主記憶の大きさの最適な値のことを，ワーキングセットといいます．これについては後述します．

### (2)　プログラムの作り方

　仮想記憶システムがこれだけ一般的になってくると，プログラムを作るうえでもページフォルトの防止を心がける必要がありそうです．仮想記憶システムにとって最も都合の悪いことは，次々と新しいページが参照されることです．プログラムの世界では，GOTO命令を多用して大きなプログラムの中をあちこち飛び回るような，いわゆるスパゲッティプログラムであったり，大きなデータ配列中の各データをアドレス順ではなく飛び飛びに参照したりすると，新しいページの参照を引き起こします．したがってこのようなプログラムの作り方は避けるべきです．前述したように1ページの大きさは4キロバイトが一般的です．4キロバイトの中には相当数の命令やデータが収納されているのですから，各ページの中の命令やデータをできる限り集中的に利用するプログラムが理想といえます．

### (3)　追い出すページの選び方

　前にも述べたように，主記憶上のページ枠がページで一杯のときは，いずれかのページを追い出して空きのページ枠を作ります．このときの追い出すペー

ジの選び方がページフォルトの発生と大きな関わりをもちます．最悪のケース
は，追い出したばかりのページが直ちにプログラムから参照され主記憶上に読
み込まれてくる状態です．最も理想的なのは，追い出したページはそれ以後一
度もプログラムから参照されないことです．追い出すページを決めるためにい
くつかのアルゴリズムが使われます．詳しくは次の「ページ置き換えのアルゴ
リズム」で学習しますが，追い出すページとして「今後，プログラムから参照
される確率ができるだけ低いページ」を選択することがきわめて重要になりま
す．

# 5·5　ページ置換えの技法

　仮想記憶システムを運用するうえで，ページフォルトの発生に十分注意しなければならないことは前節で述べたとおりです．ページフォルトが発生すると，主記憶上に必要なページを読み込むために，主記憶上に存在する不要なページを仮想記憶上に追い出します．このとき追い出すページの選び方が，以後のページフォルトの発生頻度に大きく影響することがわかっています．**ページ置換えの技法**（page replacement）は，追い出すページを決定するためのアルゴリズムでいくつかの方法が提案されていますが，いずれも以後のページフォルトの発生が少なくなるように考えられています．ここでは三つのアルゴリズムについて見ていくことにします．

## ■1　FIFO

　**FIFO**（first in first out）は，主記憶上に一番古くから存在するページを追い出します．古くから存在するページほど将来使われる可能性が少ないであろうとの考えに基づいています．この方法はアルゴリズムそのものは比較的簡単で実現も容易ですが，ページフォルトの減少効果という面では，次の LRUに比べてやや劣るようです．具体的な事例で FIFO を検証してみましょう．

　4 ページのプログラムに 3 ページの主記憶が割り当てられてプログラムが動いたときのページフォルトの発生状況を調べます．ページの追い出しは FIFOに従うものとします．四つのページを 1，2，3，4 とし，プログラムの進行に伴うページの参照順序は次のとおりとします．

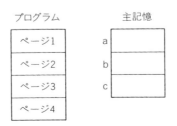

| ページの参照順序 | 1, 2, 3, 1, 2, 4, 1, 2, 3, 1, 2, 4 |
|---|---|

　プログラムの進行に伴って主記憶上の三つのページ枠 a，b，c がどのように使われるかを示したのが次の表です．

| 参照ページ | | 1 | 2 | 3 | 1 | 2 | 4 | 1 | 2 | 3 | 1 | 2 | 4 |
|---|---|---|---|---|---|---|---|---|---|---|---|---|---|
| 主記憶の ページ枠 | a | 1 | 1 | 1 | 1 | 1 | 4 | 4 | 4 | 3 | 3 | 3 | 3 |
| | b | － | 2 | 2 | 2 | 2 | 2 | 1 | 1 | 1 | 1 | 1 | 4 |
| | c | － | － | 3 | 3 | 3 | 3 | 3 | 2 | 2 | 2 | 2 | 2 |
| ページフォルト | | ○ | ○ | ○ | | | ◎ | ◎ | ◎ | ◎ | | | ◎ |

　最初はどのページ枠も空の状態で始まります．第1ページがページ枠 a に，第2ページがページ枠 b に，第3ページがページ枠 c に順にページインされます．ページ番号が網掛けになっているのはそのページがページインされたことを示します．そして，最初のページの置換えは第4ページが参照されたときに起こります．このとき，三つのページ枠はすべて満杯で第4ページを入れる場所がないので，どれか一つのページを仮想記憶に追い出します．追い出すページは FIFO アルゴリズムによって決まります．すなわち三つのページのうち最も古くから主記憶上に存在したページですから，この場合はページ枠 a の第1ページが追い出され，その後に第4ページが入ることになります．以下，同様のルールで表の◎のところでページの置換えが行われます．ページの置換えは計5回起きたことになります．

## 2 LRU

　**LRU**（least recently used）は，主記憶上に存在するページのうち最も長い間使われなかったページを追い出します．最近使用されていないページは将来ともに使われないであろうとの考え方によるものです．実際のプログラムの動きは概ねこの考え方に沿ったものが多く，FIFO に比べるとページフォルト

の発生防止には効果的です．FIFO のところで用いた事例に LRU を適用してみます．

| ページの参照順序 | 1, 2, 3, 1, 2, 4, 1, 2, 3, 1, 2, 4 |
|---|---|

| 参照ページ | | 1 | 2 | 3 | 1 | 2 | 4 | 1 | 2 | 3 | 1 | 2 | 4 |
|---|---|---|---|---|---|---|---|---|---|---|---|---|---|
| 主記憶の ページ枠 | a | 1 | 1 | 1 | 1 | 1 | 1 | 1 | 1 | 1 | 1 | 1 | 1 |
| | b | − | 2 | 2 | 2 | 2 | 2 | 2 | 2 | 2 | 2 | 2 | 2 |
| | c | − | − | 3 | 3 | 3 | 4 | 4 | 4 | 3 | 3 | 3 | 4 |
| ページフォルト | | ○ | ○ | ○ | | | ◎ | | | ◎ | | | ◎ |

　最初のページ置換えは第4ページが参照されたときに起きます．LRU 法ではこの時点で最も長い間参照されなかったページ，すなわち第3ページが追い出しの対象になります．表中の網掛けは参照されたページを示しています．LRU 法ではページの追出しは合計3回ですんだことになります．この事例は，仮想記憶システムで動作するプログラムの一つの理想的な形を示しています．参照頻度の高い第1，第2ページは主記憶上に常駐し，あまり使われない第3，第4ページがページイン，ページアウトされながら主記憶のページ枠を共有しています．

## 3 参照ビット法

　LRU 法は優れたアルゴリズムですが，オペレーティングシステムがこれを正確に実行するには相当な困難を伴います．主記憶装置の大きさは数メガから数10メガバイトはありますから，存在するページ枠の数は数万から数十万個になります．これだけのページ枠に対して参照順序を正確に把握することはきわめて難しいことです．そこで実際のオペレーティングシステムでは，LRU 法を近似的に実現する参照ビット法と呼ばれるアルゴリズムが使われています．

右図に示すように各ページ枠に参照ビット R を設けま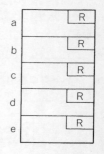
す．参照ビット R はそのページが参照されるとハードウェ
アによって R = 1 となります．オペレーティングシステ
ムのページ置換えアルゴリズムは次のとおりです．

主記憶のページ枠に順序番号を付け，この順番にページ
枠の参照ビットを調べていきます．最後のページ枠まで調
べ終わったら1番のページ枠に戻って巡回式に調べます．

- 調べたページ枠の参照ビット R が 1 であれば R = 0 にして次のページ枠に
  進みます．このページは前回の調査以降にページの参照があったので追出し
  の対象とはしません．

- 調べたページ枠の参照ビット R が 0 であればこのページを追い出すページ
  として決定します．このページは少なくとも前回の調査時点以降は一度も参
  照されていないので，最近は使われていないページと判断するわけです．

前に説明した事例に参照ビット法を適用して LRU との比較をしてみて下さ
い．

## 課題　ページ置換えの技法

　次のような 6 ページのプログラムがあり，ページの参照順序は次の通りであった．ページ置換えの技法として次の（1）～（3）を用いたときの主記憶の状態をp.132 の表の形式で示し，ページフォルトの発生回数を答えなさい．

| P1 |
| P2 |
| P3 |
| P4 |
| P5 |
| P6 |

（参照順序）

| 1, 2, 3, 4, 2, 1, 5, 6, 2, 1, 2, 3 |
| 6, 3, 2, 1 |

　（1）　割り当てられた主記憶のページ枠を 4，ページ置換えの技法として FIFO を用いる．

　（2）　割り当てられた主記憶のページ枠を 4，ページ置換えの技法として LRU を用いる．

　（3）　割り当てられた主記憶のページ枠を 4，ページ置換えの技法として参照ビット法を用いる．

## 5·6　ワーキングセット

　仮想記憶システムでは，適切な主記憶容量が与えられればプログラムは快適に動作します．しかし使用できる主記憶容量が極端に不足するとスラッシングと呼ばれる現象が起こり，実行時間が通常の何百倍もかかるようになります．これは事実上のシステムダウンに等しく，きわめて恐ろしい現象です．プログラムが快適に動作するために必要とする主記憶容量のことを**ワーキングセット**（working set）といいます．ここでは，プログラムの動作特性とワーキングセットとの関係について考えます．

### ■1 プログラムの動作特性

　一本一本のプログラムを細かく観察すると，プログラムの構造や記述の仕方にそれぞれの特徴があって，その動き方もさまざまで，共通点を見いだすことはむずかしいかもしれません．しかし，プログラムの動きを大局的にとらえると，どのようなプログラムにも当てはまる大きな動作特性を見いだすことができます．それは「どんなに大きなプログラムであっても，ある一定時間内に参照される命令やデータは限られた小さな領域に集中する」というものです．これを**参照の局所性**（locality of reference）といいます．GO TO 命令を乱用するなどのよほどひどいプログラムでない限り，この特性は当てはまります．そして，この特性があるからこそ仮想記憶システムが威力を発揮できるといえ

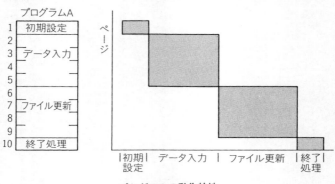

**プログラムの動作特性**

ます．次に簡単な例を示します．

　プログラム A は，入力されたデータを用いてファイル更新を行う簡単なプログラムで，全部で 10 ページから構成されています．各ページと機能との関係は図のとおりで第 1 ページが初期設定，第 2 〜第 5 ページがデータ入力，第 6 〜第 9 ページがファイル更新，第 10 ページが終了処理とします．実際には，ページは決まった大きさで機械的に区切られるのでこのようにうまくは行きませんが，ここでは説明を簡単にするためにこの形にします．プログラムの実行は初期設定，データ入力，ファイル更新，終了処理の順に四つのフェーズで構成されます．図は各フェーズでどのページが参照されるかを表したものです．各フェーズで参照されるページ数は順に 1，4，4，1 となります．

　仮想記憶システムにおいて，ページフォルトの発生が少なくプログラムが快適に動作するために必要な主記憶の大きさをワーキングセットといいます．この例でのプログラム A の最適なワーキングセットは 4 ページになります．4 ページの主記憶が確保されていれば各フェーズ内の処理ではページフォルトは発生しません．フェーズの変わり目で若干のページフォルトが発生しますが，これは許容範囲内と考えられます．このように仮想記憶システムでは，各プログラムの動作特性を考慮した適切なワーキングセットを各プログラムに与えることが重要です．しかし，実際にこれを実現するのは容易ではありません．

## 2　ワーキングセットの運用

　オペレーティングシステムが個々のプロセスのワーキングセットを正確に把握することはきわめて困難です．一つの方法として，利用者にワーキングセットサイズを指定してもらい，指定された大きさの主記憶をそのプロセスに与えることはできます．しかし，利用者側といえどもプログラムの内部構造を知っているわけではなく，ワーキングセットの算出は容易ではありません．また，仮想記憶に詳しい利用者であれば自分のプログラムのワーキングセットをできるだけ大きく指定するでしょう．そうすれば，自分のプログラムはページフォルトの発生が少なく実行時間も速くなるからです．これは，多くの利用者に公

平なサービスをしなければならないオペレーティングシステムにとっては，決して良いことではありません.

　実際のオペレーティングシステムでは，試行錯誤的な方法でワーキングセットの運用が行われています．ここでは，いくつかのオペレーティングシステムで実際に使われている方法を説明します.

### (1)　大域置換え法と局所置換え法

　ページ置換えの技法として FIFO，LRU，参照ビット法などがあることは前節で学習しました．置き換えるページを，主記憶上の全ページフレームから選定するか，ページフォルトを起こしたプロセスが使用しているページフレームに限定するかで，二つの方法に分かれます．ワーキングセットの考え方が生かされているのは局所置換え法です.

　**①　大域置換え法**　　　主記憶上の全ページフレームを対象として置換えのアルゴリズムを適用し，置き換えるページを決定します．したがって，ワーキングセットの考え方は採用されていません．この方法の問題点は次のとおりです.

・他のプロセスの影響を受けやすくなる．例えば大量のメモリを使用するようなプロセスが実行を始めると，その影響でページングが頻発し，実行時間が長くなってしまう.

　**②　局所置換え法**　　　各プロセスに一定量のページフレームを割り当て，ページフォルトが発生したら割り当てられたページフレームの中から置き換えるページを選定します．プロセスごとに専用のページフレームが確保されているので，他のプロセスの影響は少なくてすみますが，次のような問題があります.

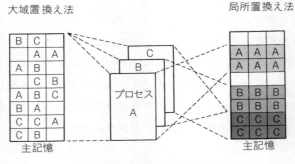

**大域置換え法と局所置換え法**

・長時間にわたって仕事をしていないプロセスにもページフレームが確保されたままになっている．大域置換え法であれば，このような不活性プロセスのページフレームは置換えの対象となり，他のプロセスが有効に活用できる．

### (2)　ワーキングセットの調整

局所置換え法の場合，各プロセスのスタート時に一定量のページフレームを割り付けますが，この量がこのプロセスにとっての最適なワーキングセットであるという保証はありません．また，プロセスの進行に伴って必要なワーキングセットも変化して行きます．したがって，オペレーティングシステムは，常に各プロセスのページフォルトの発生状況を監視し，状況に応じてワーキングセットの量を調整する機能が必要になります．例えば，主記憶上の空きメモリが少なくなると，前述のような不活性状態のプロセスを見つけてページフレームをとりあげ，他のプロセスが使えるようにします．さらに状況が厳しくなると，活動していないプロセスあるいは活動中であっても優先度の低いプロセスを選び，そのプロセスに割り当てられているページフレームすべてをとりあげてしまいます．この現象を**スワップアウト**（swap out）といいます．プロセスはしばらくの間休眠状態となり，その活動は停止します．時間が経過し，主記憶の状況が好転するとプロセスに必要なページフレームが与えられ活動を再開します．これを**スワップイン**（swap in）といいます．

## 課題　ワーキングセット

　次のプログラムを仮想記憶システムで実行させたときどのような問題が発生するか．また，その原因は何か．これを解決するにはプログラムをどのように改善すれば良いか答えなさい．

```
main()
{
  int   i,j;
  int   xdata[1000][1000];
  for(i=0  , i<1000, i++)
    {
      for(j=0, j<1000, j++)
            xdata[j][i]=0;
    }
}
```

# 5章　演習問題

5-1　記憶装置に関する次の記述 a〜h にそれぞれ最も関連の深い字句を，解答群の中から選べ.

a　後入れ先出し（LIFO）方式によって，データを取り扱う記憶方式. 多重割込み処理において，割込み処理完了時の戻り先アドレスなどを格納するのに用いる.

b　プログラムの実行モードを階層的に管理し，自分の属する階層より高い階層へのアクセスを禁止する方式.

c　複数のタスクや制御装置が，同一の記憶装置を使用する場合に，その1個だけにアクセスを許す方式.

d　プログラムやデータを一定の大きさのブロックに分割し，このブロックを単位に，実記憶装置と補助記憶装置との間で転送を行う方式.

e　主記憶装置を複数のモジュール（バンク）に分割し，サイクリックにアドレスを付与する方式. 異なるモジュール（バンク）を順番にアクセスすると，各モジュール（バンク）は並列に動作を行うため，記憶装置全体としての動作速度の向上を図ることができる.

f　中央処理装置と主記憶装置の間に，高速・小容量の記憶装置をもつ方式.

g　情報の記憶場所を，情報が格納されている記憶素子のアドレスではなく，その場所の記憶内容によって識別する方式. 通常 TLB と呼ばれる仮想アドレスと実アドレスとのアドレス変換機構に利用される.

h　特性の異なる複数の記憶装置を組み合わせて，見掛け上，大容量・高速な記憶装置を実現する方式.

＜a〜c に関する解答群＞

| ア　CRC | イ　ECC | ウ　VTOC |
| エ　スタック | オ　スプール | カ　セルフチェック |
| キ　排他制御 | ク　ラベル | ケ　リング保護 |
| コ　レジスタ | | |

＜d，e に関する解答群＞

| ア　CISC | イ　RISC | ウ　アーカイブ |
| エ　インタリーブ | オ　データフロー | カ　トレース |

キ ページング

＜f〜hに関する解答群＞

| | | |
|---|---|---|
| ア ROM | イ 階層記憶 | ウ 外部記憶 |
| エ 磁気記録 | オ 実記憶 | カ 垂直記録 |
| キ バッファ記憶 | ク 連想記憶 | |

## 【解答】

a － エ　スタック

b － ケ　リング保護

c － キ　排他制御

d － キ　ページング

e － エ　インタリーブ

f － キ　バッファ記憶（キャッシュメモリ）

g － ク　連想記憶

h － イ　記憶階層

## 解説

　記憶装置に関する基本的で重要な用語に関する問題です．本文で説明のない用語もありますが，いずれも重要な用語なので確実に理解しておきましょう．

　a　スタック．データの記憶形式の一つで，後入れ先出し法でデータを扱います．

　c　排他制御．共用資源をアクセスするプロセスに対して，命令の実行順序を守って正しい結果が得られるようにプロセスの動きを制御することをいいます．

　d　ページング．仮想記憶システムを実現する方法の一つです．

　e　インタリーブ．主記憶を複数のバンクに分けることで読み書きの時間を短縮するための方式です．

　f　バッファ記憶．キャッシュメモリともいいます．CPU の内部にある高速のメモリで主記憶の一部をキャッシュメモリ上に置くことによって，アクセスの高速化が実現できます．

　g　連想記憶．メモリの各素子が記憶している内容と，外部から入ってくるデータとの一致を高速に調べる機能をもっています．

　h　記憶階層．性能の異なる複数の記憶装置をあたかも一つ記憶装置のように制御する方式のことです．

5-2 仮想記憶システムに関する次の記述中の [    ] に入れるべき適切な字句を，解答群の中から選べ．

　　仮想記憶システムとは，実装されている実記憶容量より大きな [ a ] を作り出すものである．例えば，あるバイトアドレス方式の計算機が論理アドレス指定のために 32 ビットを使用していると，[ a ] の最大値は約 [ b ] となるが，仮想記憶システムを使用すれば，実記憶容量はこれに満たなくてもよい．

　　ページング方式と呼ばれる仮想記憶システムにおいては，論理的な [ a ] 及び主記憶は，ページと呼ばれる固定長の領域に分割され，[ c ] によってページごとに対応づけられる．プログラム実行中に実記憶上にないページが参照されると [ d ] という割込みが発生し，制御プログラムが必要なページを実記憶に転送する（ロールイン）．このとき，実記憶上に未使用ページが存在しなければ，実記憶上のいずれかのページを補助記憶上に書き出さなければならない（ロールアウト）．書き出すページを選択するアルゴリズムに [ e ] や [ f ] がある．[ f ] は，最近利用されたページほど近い将来再利用される可能性が強いという考え方に基づいている．ページを書き出すアルゴリズムやページの大きさが適切でないと，ページの入出力が多発する [ g ] 現象が起こり，システムの効率が低下する．

＜a，c，d，g に関する解答群＞

　　ア　アドレス空間　　　　　イ　スーパバイザ呼出し　ウ　スラッシング
　　エ　セグメンテーション　オ　データ　　　　　　　カ　バースト
　　キ　プログラム　　　　　ク　ページテーブル　　　ケ　ページフォルト
　　コ　ページリプレースメント

＜b に関する解答群＞

　　ア　16M バイト　　　　　イ　256M バイト　　　　ウ　2G バイト
　　エ　4G バイト　　　　　オ　16G バイト

＜e，f に関する解答群＞

　　ア　CRC　　　　　　　　イ　FIFO　　　　　　　　ウ　LIFO
　　エ　LRU　　　　　　　　オ　インタリーブ　　　　カ　セレクション
　　キ　ダイナミックアロケーション　　　　　　　　　ク　パイプライン
　　ケ　ポーリング

## 【解答】

a － ア　アドレス空間

b － エ　4 G バイト

c － ク　ページテーブル

d － ケ　ページフォルト

e － イ　FIFO

f － エ　LRU

g － ウ　スラッシング

### 解説

仮想記憶システムに関する基本的な知識を問う問題です.

a　アドレス空間.プログラム全体を格納する空間をいいます.

b　4 GB.$2^{32} = 4\,294\,967\,296$ なので 4 G バイトとなります.

c　ページテーブル.プログラムを構成するページと主記憶上のページ枠との対応関係を表す制御表のことです.

d　ページフォルト.仮想記憶システムでこれから実行しようとするページが実記憶上に存在しない状態のことです.

e　FIFO.追い出すページを選択する方式で,主記憶上に最も古くから存在しているページを追い出します.

f　LRU.追い出すページを選択する方式で,最も長い間使われていないページを追い出します.

g　スラッシング.ページフォルトが多発して,処理が重くなる状態をいいます.

---

**5-3**　システム性能に関する次の設問 a ～ d に答えよ.

[設問a]　主記憶装置のアクセス時間が 1.0 マイクロ秒,キャッシュメモリのアクセス時間が 50 ナノ秒で,ヒット率(1−NFP (Not Found Probability))が 0.8 としたとき,この CPU の平均アクセス時間は何ナノ秒か.

　＜解答群＞

　　ア　40　　　　イ　50　　　　ウ　100　　　　エ　160　　　　オ　240

　　カ　360　　　キ　500

[設問b]　仮想記憶方式を採用したある計算機で,ページフォルト発生時の 1

回のページ置換え処理に，8,000命令が実行されるとする．この計算機の処理能力を1.6MIPSとして，ページ置換えによるオーバヘッドを処理能力の5％以下に押さえるには，1秒当たりのページ置換えの回数は最大何回まで許されるか．

　　なお，オーバヘッドは，命令実行の面だけを考慮すればよい．

＜解答群＞

　　ア　5回　　　　イ　8回　　　ウ　10回　　　　エ　16回　　　　オ　20回

[設問 c]　トラックの記憶容量20,000バイト，1回転時間20ミリ秒の磁気ディスク装置に，データが2,000バイト／ブロックで格納されている．1ブロックのデータ転送時間は，何ミリ秒か．

＜解答群＞

　　ア　1　　　　　イ　2　　　　　ウ　3　　　　　エ　4　　　　　オ　5

[設問 d]　1画面で40文字×25行の日本語を表示できるパーソナルコンピュータを端末として，この端末からホストコンピュータの電子メールシステムにアクセスした．通信回線に1,200ビット／秒の調歩式伝送を採用した場合，必要な情報を送るのに1画面当たり約何秒かかるか．ただし，日本語は1文字を2バイトで符号化し，調歩式の伝送形式は，スタートエレメント及びストップエレメントを付加して10単位とする．画面には復帰改行文字以降の空白があるので，送る文字数は1画面当たりの表示可能文字数の50％とする．

　　なお，誤り制御による無効時間はなく，連続的に文字伝送がなされるとする．

＜解答群＞

　　ア　6.7　　　　イ　7.5　　　　ウ　8.3　　　　エ　13.3　　　　オ　16.7

【解答】

　　a－オ　240ナノ秒
　　b－ウ　10回
　　c－イ　2ミリ秒
　　d－ウ　8.3秒

解説

　計算機システムの性能に関する計算問題です．キャッシュメモリ，ページング，磁気ディスクの入出力，データ伝送と，性能に大きな影響を与える四つのファクターが取り上げられています．

a　キャッシュメモリの実効アクセス時間

　　主記憶へのアクセスが 1.0 マイクロ秒，キャッシュメモリが 50 ナノ秒，ヒット率が 0.8 なので 50（ナノ）×0.8＋1 000（ナノ）×0.2＝240（ナノ秒）．

b　1 秒当たりのページ置換え回数

　　計算機の性能が 1.6 MIPS なので，1 秒間に 1 600 000 命令を実行できる．ページ置換えによるオーバヘッドを 5% 以下にするには 1 600 000×0.05＝80 000．すなわち，ページ置換えの処理に許されるのは 1 秒間に 80 000 命令までとなる．1 回の処理に 8 000 命令を実行するので，ページ置換えは 1 秒間に 10 回までとなる．

c　磁気ディスクのデータ転送時間

　　磁気ディスクは 1 回転で 1 トラック分のデータを転送できる．すなわち,20 000 バイトの転送に 20 ミリ秒を要する．したがって，1 ブロック 2 000 バイトの転送は 2 ミリ秒になる．

d　調歩式のデータ伝送時間

　　1 画面当たりの伝送文字数は 40×25÷2＝500 文字．日本語 1 文字は 2 バイトでこれを調歩式で送信すると 20 ビットになる．したがって，伝送時間は 500×20 ÷1 200＝8.3 秒．

---

**5-4**　仮想記憶に関する次の記述を読み設問に答えよ．

〔仮想記憶に関する説明〕

　ページング方式の仮想記憶では，プログラムの参照する論理空間がページと呼ばれる単位に分割される．各ページは磁気ディスク上におかれ，一部のページは主記憶上におかれる．プログラム実行中に，もし主記憶上にないページが参照（読取り／書込み）されると，ページフォルトという割込みが発生し，制御プログラムが働いて，必要なページを主記憶上にもってくる．この時，既に主記憶上に存在しているページのいずれかを主記憶上から追い出す必要がある．追い出す方法の代表的なものは次に示す FIFO 方式と LRU 方式である．

(1)　FIFO（First In First Out）

主記憶上にあるページのうちから一番古くからあるページを追い出す.

(2)　LRU (Least Recently Used)

主記憶上にあるページのうち, 最後に参照されてからその時点までの経過時間が最も長いのを追い出す.

例えば, プログラムのページ参照の順序が

1, 2, 3, 1, 4, 2, ……

であり, プログラムに割り当てられたワーキングセット (主記憶のページ数) が3であったとすると, 第4ページが参照されたとき, 追い出されるページは, FIFO では第1ページ, LRU では第2ページとなる.

[設問] 次の記述中の ☐ に入れるべき適当な字句を解答群の中から選べ.

プログラムのページ参照の順序が

2, 1, 3, 2, 4, 2, 1, 4, 3, 4, 1, 4

であり, 割り当てられたワーキングセット (主記憶のページ数) は3とする.
また, 最初は, どのページも主記憶上にはないものとする.

(1)　最初はどのページも主記憶上にないため, 最初からの三つのページ (2, 1, 3 の各ページ) が主記憶上にもってこられるときはページフォルトは発生するが, ページの追い出しはない. ページフォルトによって, ページの追い出しが初めて行われるのは第 ☐a☐ ページの参照が行われたときである.

(2)　初めてページの追い出しが行われたとき, 追い出されるページは, FIFO では第 ☐b☐ ページ, LRU では第 ☐c☐ ページである.

(3)　このプログラムを実行したとき, 発生するページフォルトの回数は, FIFO では ☐d☐ 回, LRU では ☐e☐ 回である.

<解答群>

| ア 1 | イ 2 | ウ 3 | エ 4 | オ 5 |
|------|------|------|------|------|
| カ 6 | キ 7 | ク 8 | ケ 9 | コ 10 |

【解答】

a － エ　第4ページ

b － イ　第2ページ

c － ア　第1ページ

d － ク　8 回

e － カ　6 回

**解説**

ページ置換えの技法に関する具体的なシミュレーションを題材にして，FIFO と
LRU についての理解度を問う問題です．

a　最初のページ追出し

主記憶装置には 3 ページしか納まらないので，最初のページ追出しは第 4 ペー
ジが参照された時点で発生する．

b　追い出されるページ（FIFO）

第 4 ページが参照された時点で最も古くから主記憶に存在するページは第 2 ペー
ジである．

c　追い出されるページ（LRU）

第 4 ページが参照された時点で最も長い間参照されなかったページは第 1 ペー
ジである．

d　ページフォルトの回数（FIFO）

| 参照ページ | 2 | 1 | 3 | 2 | 4 | 2 | 1 | 4 | 3 | 4 | 1 | 4 |
|---|---|---|---|---|---|---|---|---|---|---|---|---|
| 主記憶 | 2 | 2 | 2 | 2 | 4 | 4 | 4 | 4 | 3 | 3 | 3 | 3 |
| | | 1 | 1 | 1 | 1 | 2 | 2 | 2 | 2 | 4 | 4 | 4 |
| | | | 3 | 3 | 3 | 3 | 1 | 1 | 1 | 1 | 1 | 1 |
| ページフォルト | ○ | ○ | ○ | | ○ | ○ | ○ | | ○ | ○ | | |

e　ページフォルトの回数（LRU）

| 参照ページ | 2 | 1 | 3 | 2 | 4 | 2 | 1 | 4 | 3 | 4 | 1 | 4 |
|---|---|---|---|---|---|---|---|---|---|---|---|---|
| 主記憶 | 2 | 2 | 2 | 2 | 2 | 2 | 2 | 2 | 3 | 3 | 3 | 3 |
| | | 1 | 1 | 1 | 4 | 4 | 4 | 4 | 4 | 4 | 4 | 4 |
| | | | 3 | 3 | 3 | 3 | 1 | 1 | 1 | 1 | 1 | 1 |
| ページフォルト | ○ | ○ | ○ | | ○ | | ○ | | ○ | | | |

# 第6章 入出力とファイルの制御

## 6・1 入出力動作の概要

磁気ディスクやプリンタなど入出力装置の制御は，オペレーティングシステムの最も基本的な機能であり，しかもかなり初期のオペレーティングシステムの頃から実現されていたものです．複雑な機構を持つ多様な入出力装置をわれわれ利用者が手軽に扱えるのも，オペレーティングシステムの入出力制御によるところ大といえます．ここではまず，入出力動作の概要について学習します．

### 1 入出力制御の仕組み

入出力の制御は，入出力装置の特性上機械的な動作を伴うものが多く，オペレーティングシステムとハードウェアの密接な連携が必要になります．コンピュータの種類によっても入出力制御の方式が基本的に異なります．大型コンピュータでは，**チャネル**（channel）と呼ばれる装置があらゆる種類の入出力装置を統一のインタフェースで制御します．ワークステーションやパソコンでは，CPU が各装置のコントローラに直接指令を出します．コントローラに指令を出す OS のプログラム群をデバイスドライバと呼ぶことがあります．また，主記憶装置へのデータ転送を制御するために DMA コントローラと呼ばれる機構が使われます．ワークステーションにおける入出力制御の仕組みは，次のようになります．

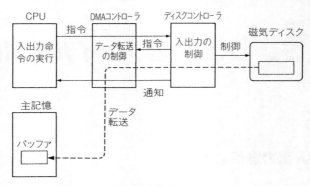

**入出力制御の仕組み**

　この図は，磁気ディスク上のファイルから1件のデータを読み込む動作が，コンピュータの中でどのように実現されるのかを示しています.

1)　プログラムが高級言語の read 命令を実行する

　　read 命令はコンパイラと OS によって CPU が解読できる入出力開始命令に変換されます.

2)　CPU が入出力開始命令を実行する

　　この命令によって CPU は磁気ディスクコントローラに入出力動作の開始を指令します.

3)　磁気ディスクコントローラは磁気ディスクの入出力動作を制御する

　　入出力動作には入出力ヘッドの位置決め，レコードの回転待ちそしてデータの転送があります．磁気ディスク装置から主記憶装置へのデータ転送は CPU の助けを借りず，DMAコントローラの制御の元で行われます.

4)　データの転送終了

　　磁気ディスクコントローラは，入出力割込みを発行して入出力動作の完了を CPU に通知します.

　CPU は，入出力命令で各装置のコントローラに指令を出した後は入出力の仕事には一切関与しないので，この間に他のプロセスの命令を実行することが可能です．すなわち，マルチプログラミングを効率よく実現することができるわけです．このように，入出力機器が CPU の助けを借りずに主記憶装置にデータを転送する仕組みのことを **DMA**（direct memory access）といいます.

データの転送が完了すると入出力機器はこれを CPU に伝えなければなりません．この伝達の手段に用いられるのが入出力割込みです．CPU は入出力開始命令を出すことによって入出力動作をスタートさせ，入出力割込みによってその完了を知ることになります．

## ２ 入出力機器の接続

コンピュータ本体に入出力機器を接続するするために，各種のインタフェースが決められています．

### （1） 大型コンピュータのシステム構成

大型コンピュータの場合はチャネルと呼ばれる統一インタフェースを採用し，入出力機器はチャネルインタフェースをもっていないと接続できません．一般的にチャネルインタフェースは，コンピュータメーカが独自に決めることが多く，入出力機器の接続はメーカの技術者にまかされています．

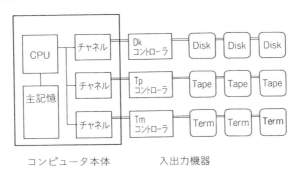

### （2） パーソナルコンピュータのシステム構成

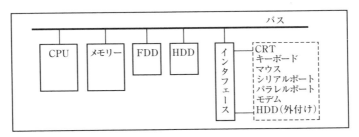

　この図は標準的なパソコンのシステム構成を示しています．パソコン本体には CPU，メモリー，フロッピーディスク装置（FDD），ハードディスク装置（HDD）などが内蔵され，これらはバス（bus）と呼ばれる信号線で接続されています．情報を表示する CRT ディスプレイ，情報を入力するキーボードやマウス，外付けのハードディスク装置などは決められたインタフェースを介してパソコン本体と接続されます．これらのインタフェースに関しては PC/AT と呼ばれる国際的な標準仕様が定められており，この仕様に準拠している製品であればメーカの壁を越えて相互に接続することができます．

　パソコン本体の中での情報の通信路としてバスが用いられます．代表的なバスとして次の二つがあります．

・**ISA**（Industry Standard Architecture）**バス**

　PC/AT 互換機の標準的なバスで，16 ビットの情報をパラレルに転送することができます．

・**PCI**（Periferal Component Interconnect）**バス**

　ハードディスクや CD-ROM などの周辺装置と高速のデータ転送が行えるように開発されたバスで，32 ビットのパラレル転送が可能です．周辺装置の大容量化，高性能化が進む中で，今後の主流となることが予想されます．

　内蔵のハードディスク装置としては **IDE**（Integrated Device Electronics）と呼ばれるインタフェースを持つ装置が使われます．これはコントローラがパソコン本体に内蔵されているため，安価で手軽に接続することができます．電気的な特性から，最大ケーブル長は 46 cm という制約があります．当初の仕様を拡張し大容量のデータを扱えるようにした **E-IDE**（Enhanced Integrated Device Electronics）を用いると，最大 1 ギガバイト程度のディスクの接続が可能になります．

**(3)　代表的なインタフェース**

　ワークステーションやパソコンで用いられている代表的なインタフェースは次のとおりです．

　①　**SCSI**（Small Computer System Interface；通称スカジー）

　米国の **ANSI**（American National Standards Institute；米国規格協会）によって定められたインタフェースで，ハードディスク装置など高速のデータ

転送が必要な入出力機器の接続に利用されます．8ビットのパラレル転送を行い，両方向の転送ができます．また，最大で4Mバイト/秒の高速データ転送が可能です．

② **セントロニクス**

米国のセントロニクス社が定めたプリンタ接続用のインタフェースです．8ビットのパラレル転送を行いますが，片方向の転送しかできません．プリンタ接続用の標準インタフェースとして普及しています．

③ **RS-232C**

米国電子工業会が規格化したインタフェースで，コンピュータにモデムを接続するためのものです．1ビットずつのシリアル転送を行うため，大量データの高速転送には向きません．転送速度は最大でも20Kビット/秒です．モデムだけではなく，マウスやバーコードリーダの接続にも使われます．

## 6·2　記憶装置の管理

　入出力制御の中でも，多数のファイルを収容し管理する磁気ディスク装置の
取扱いは，オペレーティングシステムにとってもわれわれ利用者から見てもき
わめて重要です．磁気ディスク装置は単なる外部記憶装置ではなく主記憶装置
の補助的な役割を担うため，二次記憶とも呼ばれます．磁気ディスク装置の物
理的な特性とその中に構築されるファイルシステムの構造について学習します．

### ■1　磁気ディスクの構造

　磁気ディスク装置の構造は次図に示すとおりです．シリンダとトラックにつ
いてはあらためて説明の必要もないでしょう．問題は一つのトラックにデータ
をどのように記録するかです．

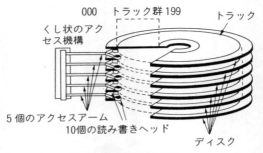

磁気ディスク装置

#### （1）　ブロック方式

　トラック上にはブロック単位でデータが記録されます．ブロックはプログラ
ムの指定でその長さが決まります．したがって，一つのトラック上に長さの異
なるブロックが存在することがあります．

#### （2）　セクタ方式

　トラックをあらかじめ決められた長さの単位に分割します．この単位のこと
をセクタといいます．1セクタは512バイトが標準のようです．セクタ方式の
磁気ディスクでは，このセクタがデータを記録する上での基本的な単位となり
ます．

ブロック方式は大型コンピュータを中心に採用されてきましたが，ワークステーションやパーソナルコンピュータではセクタ方式が使われています．セクタ方式の方が磁気ディスクの制御が簡単であり，ソフトウェアの面からもファイルの管理がしやすいという利点があります．一方で，セクタ方式は磁気ディスク上に未使用領域ができるためファイルの収容効率が悪くなります．いずれにしてもこれからはセクタ方式が中心になります．

## 2 ファイルとディレクトリ

大容量の磁気ディスクには多くのファイルを収容することができます．われわれ利用者やプログラムからこれらのファイルを識別できるようにファイルに名前をつけて管理します．磁気ディスクには**ディレクトリ**（directory）と呼ばれる管理用の領域が存在し，このディレクトリの中にファイルの名前とファイルが存在する場所（アドレス）が格納されます．

ディレクトリの構造として次の2つがよく用いられます．

### (1) 単一レベルディレクトリ

1台の磁気ディスク装置にはただ一つのディレクトリしか存在せず，一つのディレクトリで磁気ディスク内のすべてのファイルを管理する構造です．この構造は大型コンピュータのオペレーティングシステムを中心に用いられてきました．しかし磁気ディスク装置の容量が大きくなり収容するファイルの数が増加するにつれて，以下のような問題が生じるようになりました．

- 1台の磁気ディスクの中に同じ名前のファイルを複数もつことはできません．したがって利用者間でファイルの命名規約を作るなど運用が煩雑になります．

- ファイルの数が多くなるとディレクトリの検索に時間がかかり，オペレーティングシステムのオーバヘッドが増加します．

### (2) 木構造ディレクトリ

一台の磁気ディスク装置に複数のディレクトリをおくことができ，ディレクトリ同士は木構造によって関係づけられます．木構造の最も上位にあるディレクトリを**ルートディレクトリ**（root directory）といいます．一つのディレク

トリは複数のファイルを管理すると同時にいくつかの**サブディレクトリ**（sub-directory）をもつことができます．木構造ディレクトリの例を示すと次の図のようになります．

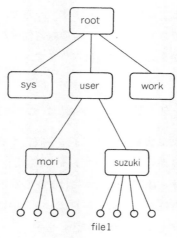

file1

**木構造ディレクトリ**

　ディレクトリはその利用目的に合わせて適切な名前をつけます．root の下の sys はシステム系のファイルを user は利用者のファイルを管理します．user の下には利用者ごとのディレクトリを置き，利用者固有のファイルを管理します．ディレクトリやファイルを特定するために**パス名**（path name）を使います．例えば，

　　　　／user／suzuki／file1

のように指定します．

　個々の利用者は通常自分のディレクトリで作業をします．これを**ホームディレクトリ**（home directory）といいます．ディレクトリ suzuki で作業中にファイル file1 を指定するには単に，

　　　　file1

と指定することができます．これを**相対パス名**（relative path name）といいます．

　木構造ディレクトリは UNIX をはじめとするワークステーション系やパソコンの OS で幅広く使われています．

## 3 ファイルシステムの構造

　セクタ方式の磁気ディスクでは，ディレクトリやファイルに含まれる全ての
データをセクタを単位として記録します．そして，われわれ利用者が指定する
ディレクトリやファイルの名前を磁気ディスク上の該当するセクタに変換する
仕組みも必要です．

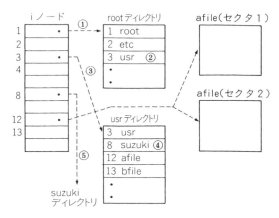

**ファイルシステムの構造**

　上の図は木構造ディレクトリのファイルシステムを磁気ディスク上で実現す
る方法を示しています．

### (1) iノード （index node）

　磁気ディスク上に存在するすべてのファイルとディレクトリについて，必要
な管理情報と存在場所を示すポインタを保持している領域です．磁気ディスク
上でのiノードの位置は固定されており，OS はいつもiノードへのアクセス
が可能です．iノードは存在するファイルとディレクトリの数だけあって，1
から順に番号（iノード番号）がつけられています．iノード番号1番はルー
トディレクトリに固定されています．

### (2) ディレクトリ

　それぞれのディレクトリが管理しているファイルやサブディレクトリに関す
る情報を保持しています．具体的には，ファイルやサブディレクトリの名前と
iノード番号との対応づけが行われています．一つのディレクトリ領域は原則

として 1 セクタで構成されます.

　上の図で，絶対パス名／usr／suzuki は次の手順で検索が行われます.

①　ｉノード番号 1 番のポインタからルートディレクトリの内容を調べる.

②　ディレクトリ usr のｉノード番号が 3 番であることを知る.

③　ｉノード番号 3 番のポインタから usr ディレクトリの内容を調べる.

④　ディレクトリ suzuki のｉノード番号が 8 番であることを知る.

⑤　ディレクトリ suzuki のアクセスが可能になる.

## (3)　ファイル

　ファイルの存在場所もディレクトリと同様にｉノード番号からポイントされます. 一つのファイルは物理的には不連続な複数のセクタから構成することができます. したがって一つのｉノードから複数のポインタを出すことが可能になっています. いまｉノードが 10 個のポインタをもつとすると，一つのファイルは 10 個のセクタから構成され，5 120 バイト（512B×10）までの情報を格納できることになります. これより大きなファイルの場合は，ポインタを階層的に張ることによって実現しています.

## 課題　ファイルシステムの構造

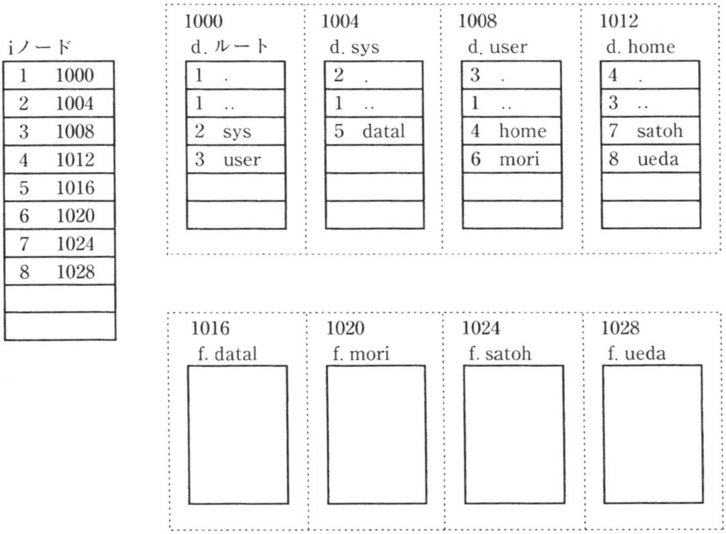

| iノード | |
|---|---|
| 1 | 1000 |
| 2 | 1004 |
| 3 | 1008 |
| 4 | 1012 |
| 5 | 1016 |
| 6 | 1020 |
| 7 | 1024 |
| 8 | 1028 |
| | |
| | |

**1000 d. ルート**

| 1 | . |
|---|---|
| 1 | .. |
| 2 | sys |
| 3 | user |
| | |
| | |

**1004 d. sys**

| 2 | . |
|---|---|
| 1 | .. |
| 5 | datal |
| | |
| | |
| | |

**1008 d. user**

| 3 | . |
|---|---|
| 1 | .. |
| 4 | home |
| 6 | mori |
| | |
| | |

**1012 d. home**

| 4 | . |
|---|---|
| 3 | .. |
| 7 | satoh |
| 8 | ueda |
| | |
| | |

**1016 f. datal**

**1020 f. mori**

**1024 f. satoh**

**1028 f. ueda**

　図のようにiノード領域には8つのiノードリストがあり，ファイル領域のアドレス1000〜1028には4つのディレクトリと4つのファイルが格納されている．

（1）　ディレクトリとファイルの関係を木構造の形で示せ．

（2）　絶対パス/user/home/satoh によりファイル satoh に到達するまでの手順を示せ．

# 6・3　ファイルの入出力

　複雑な機構をもつ磁気ディスク装置を，利用者のプログラムが容易に取り扱うことができるように，オペレーティングシステムはさまざまな機能を提供しています．高級言語の入出力命令との関係に注意しながら OS が提供する基本的な入出力サービスについて学習します．

## ■1■　OS の入出力サービス

　C 言語や COBOL などのいわゆる高級言語には，便利な入出力命令が用意されていて比較的簡単に入出力を実現することができます．しかし，複雑な構造をした磁気ディスクやプリンタを制御するには，それぞれの装置の特性に応じたきめ細かな制御が必要になります．オペレーティングシステムは，各入出力装置に対応して基本的な入出力ルーチンを提供します．われわれ利用者はこの入出力ルーチンを利用することで，複雑なハードウェアの機構や仕組みにまどわされることなく，手軽に入出力動作を実現することができます．ここでは，高級言語の入出力命令とオペレーティングシステムが提供する入出力ルーチンの関係を考えます．

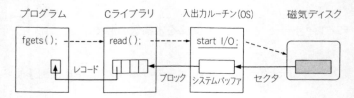

① ユーザプログラムがライブラリ関数 fgets （1行分の読込み）を呼び出す．

② C ライブラリは OS に対して read() システムコール（1ブロックの読込み）を出す．

③ OS の入出力ルーチンは磁気ディスク制御部に対して入出力開始命令を出す．

④ 磁気ディスクから OS のシステムバッファにセクタ単位でデータが転送

される.

⑤　OS の入出力ルーチンはシステムバッファ上でブロックに組み立てて C
ライブラリに転送する.

⑥　C ライブラリはブロックをレコードに分解し, 1 レコード分をユーザプ
ログラムに送る.

われわれがふだん何気なく使っている入出力関数も, 実はこのような複雑な
動きをしているのです. ユーザプログラムが 2 回目の fgets 関数を実行すると,
C ライブラリは手元にあるブロックから第 2 レコードを切り出してすぐにユー
ザプログラムに渡すことができます. これは磁気ディスクへの入出力動作を伴
わないため非常に高速に完了します.

また, ユーザプログラムできめの細かい入出力制御を行いたいときは, C ラ
イブラリを使わずにシステムコール命令によって直接 OS に入出力依頼を出す
こともできます.

## ２ 記録と転送の単位

### (1) セクタとクラスタ

パソコンで使われているハードディスクやフロッピーディスクもセクタ方式
で記録と転送が行われます. OS のデバイスドライバが発行するリード/ライ
トコマンドによって 1 セクタ (512 バイト) 単位で入出力動作が始まり, 割込
みによって終了するというサイクルが基本になります. しかし, 最近のハード
ディスクには大量のデータを 1 回のコマンドと割込みで処理する機能が備わっ
ていて, 例えば 16 セクタ分 (8192 バイト) のデータを一度に読み書きするこ
とも可能です. この機能は大きなファイルのデータを先頭から順に読み込むと
きなどに威力を発揮します.

ディスク上にファイルを作ると, ファイルには決められた大きさの領域が割
り当てられます. ファイルに割り当てる領域の最小単位をクラスタといいます.
クラスタの大きさはディスクの使用によって様々ですが, 容量が 400MB を超
えるようなハードディスクでは 1 クラスタ＝32 セクタとなり, 一方フロッピー
ディスクでは 1 クラスタ＝2 セクタです. したがってハードディスク上に 100

バイト程度の小さなファイルを作ると，それだけで領域は 32 セクタ分 (16KB) 取られてしまうことになります．

## (2)　ファイルの読み書き

オペレーティングシステムは，ファイルを単に情報（文字）が並んでいる論理的な装置と見なします．そこにはセクタやクラスタといった物理的な要素は全く顔を出しません．したがって利用者（プログラマ）は装置の物理的な特性に煩わされることなくプログラムを書くことができます．ファイルにはメモリと同じようにバイト単位で連続したアドレスがつけられていて，利用者はこのアドレスと読み書きするデータの長さ（バイト数）を指定して，オペレーティングシステムに入出力の依頼をします．

### ・順次アクセスの場合

先頭から順にデータを処理していくことがわかっているので，オペレーティングシステムはハードウェアのマルチセクタ転送機能を使って大量データの一括転送を行います．読込みの場合は，16 セクタ分相当のデータを先読みします．書出しの場合は 16 セクタ分相当のデータが溜まってから一括して書き出します．このような技法（ブロッキングとバッファリング）を用いることで効率的な入出力を実現しています．なお，ブロッキングとバッファリングについては「6・4　効率的なアクセス」で詳しく説明します．

### ・ランダムアクセスの場合

利用者はアクセスをしたいレコードの位置にファイルポインタを移動して入出力命令を出すことで，任意のレコードを自由にアクセスすることができます．ランダムアクセスでは 1 回のアクセスが小さなレコード単位になるので，ディスクへのアクセスはセクタ単位のコマンドが用いられます．もし，あるレコードが二つのセクタにまたがって記録されていたとすると，そのレコードを読むのにリードコマンドを 2 回発行することになり，アクセス効率は悪くなります．

しかし，実際にはこのようなことは起きません．オペレーティングシステムはメモリ上にメガバイト相当の大きなバッファを設けて，ディスクにあるレコードのコピーを置き，大半の入出力動作をメモリ上ですましてしまうからです．

この仕組みのことをバッファキャッシュまたはメモリキャッシュといいます．バッファキャッシュについては「6・4　効率的なアクセス」で説明します．

## 3 非同期入出力

　ファイルの入出力には，CPU の命令実行時間に比べると非常に長い時間が
かかります．この時間を有効に活用してマルチプログラミングが実現されてい
るわけです．しかし，プロセスの立場で考えると入出力動作中の長い時間の間
に CPU を使って何か別の仕事ができれば，効率的に仕事を進めることができ
ます．これを実現するために非同期入出力と呼ばれる機能が用意されています．

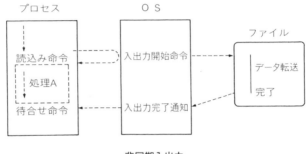

**非同期入出力**

上の図に従って非同期入出力命令の機能について説明します．

① プロセスが非同期の読込み命令を実行する

　　プロセスの読込み命令によって制御は OS に移り，OS は入出力開始命
令を実行します．これによってファイルからプロセスへのデータ転送が始
まります．しかし，制御はすぐに OS からユーザプロセスに戻ります．

② 入出力動作と並行して処理 A を実行する

　　プロセスは読込み命令の次の命令（処理 A の部分）の実行が始まりま
す．すなわち，ファイルからデータを読みながら CPU を使って何か別の
仕事ができるわけです．ここで注意すべきことは，ファイルから読込み中
のデータを処理 A の中で決して使ってはいけないということです．読込
みはまだ完了していません．

③ 入出力動作の完了を確認する

　　入出力動作と並行して実行する処理が終了したら待合わせ命令を出して
入出力動作の完了を待ちます．OS は入出力割込みによって入出力動作の

完了を知り，これをユーザプロセスに通知します．この通知は OS とプロ
セスとの間で同期が取られます．すなわち，プロセスの待合わせ命令を実
行した時点で入出力動作が完了していればプロセスは次の命令に進みます．
入出力動作が未完の場合は待合わせ命令の中で完了するまで待たされます．

## 課題　ファイルの入出力

　OS は内部に 16 セクタ分のバッファを持ち，1 回の入出力命令で 16 セクタ分のデータを一括転送できる．順次書出しの場合は，16 セクタ分のバッファが一杯になった時点でディスクにデータを書き出す．順次読込みの場合は，最初の read 命令で 16 セクタ分のデータを先読みする．ランダムアクセスの場合は該当するセクタ単位で入出力を行う．

［ハードディスクの仕様］

| | |
|---|---|
| • セクタ長 | 512 バイト |
| • セクタ数／トラック | 32 セクタ |
| • 平均シーク時間 | 12 ミリ秒 |
| • 平均回転待ち時間 | 4 ミリ秒 |
| • データ転送時間 | 2 M バイト/秒 |

(1)　128 バイトのレコードを 10,000 件順次アクセスで書き出すと物理入出力は何回発生し，すべての入出力に要する時間は何秒になるか．また，すべてのデータを記録するのに何トラック必要になるか．

(2)　上記(1)の処理を 16 セクタ一括転送機能を使わずに，各セクタ単位の書出しで行うとすべての入出力に要する時間は何秒になるか．

(3)　全データの書出し終了後に，任意の 100 件のレコードをランダムに更新する処理を行うと，すべての入出力に要する時間は何秒になるか．

## 6・4　効率的なアクセス

　ファイルの入出力動作には，CPU の命令実行時間に比べると非常に長い時間がかかります．例えば，磁気ディスク装置のアクセス時間は大体 10 数ミリ秒のオーダですから，この間に高速の CPU なら百万命令程度は実行してしまいます．したがって，プログラムの実行時間を短縮して性能を向上するには，物理的な入出力の回数を削減するのが最も効果的といえます．ここでは，ファイルを効率的にアクセスするための代表的な技法を学習します．

### ■1　ブロッキングとバッファリング

　**ブロッキング**（blocking）と**バッファリング**（buffering）は，入出力時間を短縮するために古くから用いられてきた伝統的な方法です．大容量のファイルに収容されているレコードを順次的にアクセスする場合に特に効果を発揮し，ブロッキングによって実行時間が大幅に短縮された例は枚挙に暇がないほどです．近年のワークステーションやパソコンでは，ユーザプログラム自身が意識的にブロッキングやバッファリングを行うことは少ないようです．しかし，きめの細かい入出力制御が要求されるシステム系のプログラム等では，必須の技法といえます．

#### （1）　ブロッキングとデブロッキング

　複数のレコードをまとめて一つのブロックに組み立てることをブロッキング，一つのブロックを複数のレコードに分解することをデブロッキングといいます．一つのブロックを構成するレコードの数をブロック化係数といいます．入出力動作の単位はブロックですから，ブロック化係数が大きいほど入出力動作の回数は減り，したがってプログラムの実行時間は短縮します．例えば，10 万件のレコードをファイルに書き出すプログラムで，ブロック化係数が 10 ならばディスクへのアクセスは 1 万回発生しますが，ブロック化係数を 1 000 にするとディスクへのアクセスは 100 回ですみます．単純な計算でプログラムの実行時間はおおよそ 100 分の 1 に短縮されます．

## (2) バッファリング

ブロッキングと併用することでプログラムの実行時間をさらに短縮しようとするのがバッファリングです．入出力動作中は CPU は遊んでいるので CPU に別の仕事をさせることができます．すなわち，ディスクから 1 ブロック分を読み込む処理と，すでに読み込んだブロックの CPU 処理を並行動作させようというのがバッファリングです．このためにはプログラムの中にバッファを複数個用意し，CPU 処理中のデータが入っているバッファと次のブロックを読むためのバッファを使い分ける必要があります．バッファリングを行うと，通常はディスクから 1 ブロックを読む時間の方が長いので，CPU 処理時間は裏に隠れてプログラムの実行時間に影響を与えなくなってしまいます．

次にブロッキングとバッファリングの効果を図に示します．図中の数字は処理したレコードの件数を示します．同一時間内で処理できるレコード件数を比較してください．

●ブロッキングを行わない場合 （ブロック化係数＝1）

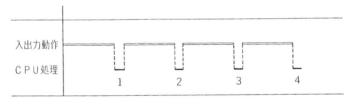

●ブロッキングを行った場合 （ブロック化係数＝5）

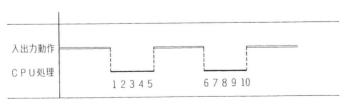

◉**バッファリングを行った場合**　（バッファ数＝2，ブロック化係数＝5）

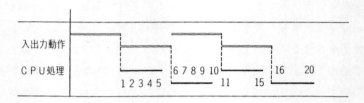

## 2　バッファキャッシュ

　ブロッキングとバッファリングの技法は大量データの順次アクセスには著しい効果を発揮しますが，ランダムアクセスにはほとんど効果がありません．データベースが手軽に用いられるようになり，磁気ディスク装置はランダムアクセスが主流になりつつあります．このような背景からワークステーションやパソコン系のオペレーティングシステムは**バッファキャッシュ**（buffer cache）または**メモリキャッシュ**と呼ばれる画期的なバッファリング技法を採用しています．

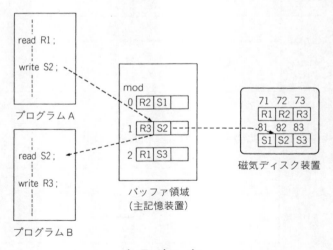

バッファキャッシュ

　バッファキャッシュシステムは主記憶上にかなり大きな（数メガバイト程度の）バッファ領域を確保し，磁気ディスク装置に対する入出力要求の大半を主

記憶上のバッファ領域で処理することによって，プログラムの実行時間を大幅に短縮しようとするものです．UNIX では OS の標準機能としてバッファキャッシュを採用していますから，われわれ UNIX ユーザは無意識の内にこの機能を利用していることになります．

### (1) バッファ領域の構造

主記憶上のバッファ領域には，磁気ディスク上にあるレコードのコピーがおかれます．プログラムから出る入出力命令は，あくまでも磁気ディスク上に存在するレコードを対象としおり，レコードアドレスを指定して目的のレコードを特定します．オペレーティングシステムは，この入出力命令を横取りし，バッファ領域のアクセス命令にすり替えてしまいます．したがって，バッファ領域の構造は，レコードアドレスをキーにしてそのレコードの存在場所がわかるように工夫されています．実際には，レコードアドレスをある数で割った余りを求め，余りの値をキーにしてレコードが検索できるようになっています．

図でレコード R 1 はレコードアドレス 71 です．ある数を 3 とすると

$$71 \div 3 = 23, \quad 余り 2$$

となるので，レコード R 1 は余り 2 のリストにつながれます．この例のように，ある数があまりにも小さいと同じ余りの値をもつレコードが多くなり，検索効率が悪くなります．ある数の値はバッファ領域の大きさを配慮しながら，オペレーティングシステムが適切な値を設定します．

### (2) 入出力の制御

従来のバッファリング技法は，特定のプログラムがオープンした特定のファイルのためにバッファ領域を用意しました．したがって，そのバッファ領域を他のプログラムや他のファイルのために使うことはできません．バッファキャッシュの特徴は，これらの制約を取り除き，すべてのプログラムと全てのファイルのために共通に使える領域としたことです．したがって，複数のプログラムからランダムにアクセスされるようなデータベースファイルにもバッファリングの効果が大いに期待できます．

プログラムからレコードの読み込み命令が出ると，OS は該当レコードをバッファキャッシュ上で探します．見つかれば，そのレコードをプログラムに返します．この場合，磁気ディスクへのアクセスは発生しません．レコードが見つ

からない場合は，磁気ディスクから該当レコードを読み込み，それをバッファ
キャッシュに格納してからプログラムに返します．レコードの読み込み命令が
順次アクセスの場合は，要求のあったレコードと一緒に次のレコードを先読み
する機能もあります．

　プログラムからレコードの書出し命令が出ると，OS はバッファキャッシュ
上に該当レコードを書き出します．該当レコードがバッファキャッシュに既に
存在する場合はそのレコードを更新します．いずれの場合も，磁気ディスク上
への書出しはすぐには行われず，レコードはしばらくの間バッファキャッシュ
上で滞在します．もし，この滞在中に他のプログラムから書出し命令が出れば，
磁気ディスクへのアクセスが節約できます．

　バッファキャッシュの大きさにもよりますが，UNIX では磁気ディスクへ
の入出力命令の大半がバッファキャッシュ上で処理され，そのためにプログラ
ムの実行時間が大幅に向上しています．

## 課題 ブロッキングとバッファリング

磁気ディスク上に 200 バイトのレコードが 10,000 件格納されている．これを順に読み込んで，レコードごとの処理を繰り返し行うプログラムの実行時間を考える．実行時間はディスクからの読込み時間とレコードの処理時間（CPU 時間）からなり，それ以外の時間は無視できるものとする．各レコードの CPU 処理には 10 マイクロ秒かかる．

ハードディスクの仕様は次のとおりである．

| | |
|---|---|
| • セクタ長（バイト） | 512 バイト |
| • セクタ数／トラック | 26 セクタ |
| • 平均回転待ち時間 | 16 ミリ秒 |
| • データ転送時間 | 2,000 バイト／ミリ秒 |

(1)　レコードがブロッキングされずに格納されているとき，このプログラムの実行時間を求めよ．

(2)　レコードがブロック化係数 10 で格納されているとき，このプログラムの実行時間を求めよ．

(3)　レコードがブロック化係数 10 で格納されていて，プログラムが二つのバッファを用いてバッファリングを行ったときのプログラムの実行時間を求めよ．

# 6章 演習問題

6-1 入出力インタフェースに関する次の記述中の □ に入れるべき最も適切な字句を，解答群の中から選べ．

(1) はん（汎）用計算機システムでは，実行中のプログラムが入出力動作の起動を指令すると， a がこの指令を受けて，CPU とは独立に入出力装置を制御する．

個々の入出力装置に固有な制御信号は， b が処理するので，標準的な a を装備するだけで多種多様な入出力装置を接続できる．

b は， c が発行する指令（コマンド）を解釈し， b そのものを制御したり，入出力装置の機械的動作や入出力装置と a 間のデータ転送を制御する．

小型のはん（汎）用計算機では， a と b の両方の機能を統合した装置もよく用いられる．

(2) ワークステーションやパーソナルコンピュータでは，CPU，記憶装置，入出力制御装置を共通の転送路（ d と呼ぶ）によって接続する方法が多く採用されている．この方法では，一つの入出力処理中はその転送路が占有されるので，たくさんの入出力処理を並行動作させるのには向かない．

(3) e というインタフェースは，もともと f などを接続するための通信用の規格である．現在ではほとんどのワークステーションやパーソナルコンピュータが，標準的に備えており，低速プリンタ，イメージスキャナなどの入出力機器との接続用としても使用される．

計測制御用の装置と接続するためのインタフェースとして，複数のビットを並列に送受信する g がよく使用される．

＜a，b に関する解答群＞

　　ア　エミュレータ　　　　　　　　イ　周辺装置
　　ウ　多重プログラミング　　　　　エ　多重プロセッシング
　　オ　チャネルプログラム　　　　　カ　入出力制御装置
　　キ　入出力チャネル　　　　　　　ク　マイクロプログラム
　　ケ　割込み処理ルーチン

＜c に関する解答群＞

ア　アプリケーションプログラム　　イ　インタフェースプログラム

ウ　エミュレータ　　　　　　　　　エ　チャネルプログラム

オ　マイクロプログラム　　　　　　カ　割込み処理プログラム

＜d～gに関する解答群＞

ア　GPIB　　　　　　　イ　LAN　　　　　　ウ　RS-232 C

エ　アダプタ　　　　　　オ　イーサネット　　カ　オプションスロット

キ　チャネル　　　　　　ク　通信制御装置　　ケ　バス

コ　モデム

【解答】

a　キ―入出力チャネル

b　カ―入出力制御装置

c　エ―チャネルプログラム

d　ケ―バス

e　ウ―RS-232 C

f　コ―モデム

g　ア―GPIB

解説

　大型汎用コンピュータとワークステーション・パソコンの入出力インタフェースに関する問題である．両者の違いを確実に理解しておくことが重要である．

a　入出力チャネル．大型コンピュータではCPUとは別に入出力専用のプロセッサをもっていてこれを入出力チャネル，あるいは単にチャネルといいます．

b　入出力制御装置．磁気ディスク，プリンタ，端末など個々の入出力装置に固有な制御を実際に行う装置です．

c　チャネルプログラム．入出力チャネルの元で動くプログラムをチャネルプログラムといいます．チャネルプログラムはコマンドと呼ばれる指令を入出力制御装置に対して発行します．

d　バス．ワークステーションやパソコンではCPU，メモリ，入出力制御装置の間をバスで接続します．

e　RS-232 C．どのパソコンにも必ずといっていいほど装備されている標準的なインタフェースで，モデムを介した比較的低速の通信などに用いられます．

f　モデム

g　GPIB．計測用のインタフェースとしてはGPIBが用いられ，AD変換機などが接続されます．

---

**6-2**　ファイルシステムに関する次の記述を読んで，設問に答えよ．

　　現在，ワークステーションやパソコン用のファイルシステムにおいては，図に示すような階層化されたディレクトリ（登録簿）によるファイル管理が広く利用されている．

　　この種のファイルシステムは，フロッピーディスクや固定ディスク上のファイルに適用され，ボリュームごとに一つずつあるルートディレクトリの下にサブディレクトリを階層化して作成することができる．ファイルやディレクトリの名前は，同一のディレクトリの直下ではユニーク（一意）でなければならないが，ディレクトリが異なれば同じであってもよい．

　　ファイルの識別には次の三つの方法がある．

(1)　ルートディレクトリから出発して，目的のファイルにいたるまでの途中すべてのサブディレクトリ名を指定する，絶対パス記述による方法

(2)　カレントディレクトリ（現在のディレクトリ）から出発して，目的のファイルにいたるまでの途中すべてのサブディレクトリ名を指定する，相対パス記述による方法．

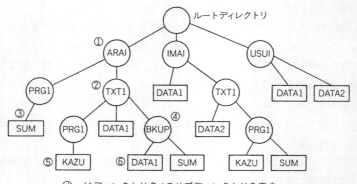

　　　　　　ⓓ　はディレクトリ名dのサブディレクトリを表す
　　　　　　│ f │はファイル名fのファイルを表す
　　　　　　①～⑥は例及び設問中の記述に対応する

**図**　階層化されたディレクトリによるファイル管理の例

(3)　相対パス記述の特別な場合として，カレントディレクトリの直下にある
ファイルのファイル名だけを記述する方法

これらの記述では，例に示すようにディレクトリ名及びファイル名は
"￥"で区切る.
なお，任意のディレクトリをカレントディレクトリに指定することがで
きる.

例1　図中の③のファイルの絶対パス記述

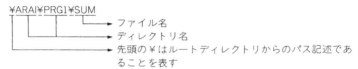

例2　図中の①がカレントディレクトリであるときの⑤のファイルの相対パス
記述

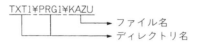

例3　図中の④がカレントディレクトリであるときの⑥のファイルのファイル
名記述

```
DATA1
        ──────────→ ファイル名
```

［設問］　□□□　に入れる正しい答えを，解答群の中から選べ.
(1)　カレントディレクトリが図中の②であるとき，⑥のファイルを識別す
る記述は　 a 　である.
(2)　カレントディレクトリが図中の②であるとき，ディレクトリを除き，
ファイル名だけで識別できるファイルの数は　 b 　である.
(3)　カレントディレクトリが記述　 c 　で識別されるとき，PRG1
￥SUM と ￥IMAI￥TXT1￥PRG1￥SUM は同じファイルである.

＜aに関する解答群＞
　　ア　BKUP￥DATA1　　イ　DATA1　　　ウ　TXT1￥BKUP￥DATA1
　　エ　￥ARAI￥TXT1￥DATA1　　　　　　オ　￥BKUP￥DATA1

＜b に関する解答群＞

　　ア　1　　　　イ　2　　　　ウ　3　　　　エ　4　　　　オ　6

＜c に関する解答群＞

　　ア　¥ARAI　　　　　イ　¥ARAI¥TXT1¥BKUP　　　ウ　¥IMAI

　　エ　¥IMAI¥TXT1　　　オ　¥IMAI¥TXT1¥PRG1

【解答】

　a　ア―BKUP¥DATA1

　b　ア―1つ

　c　エ―¥IMAI¥TXT1

解説

　木構造ディレクトリ型ファイルシステムに関する実務的な問題である．パソコンや
ワークステーションの OS を知っていれば楽に解答できる問題である．

　a　カレントディレクトリ TXT1 からファイル DATA1 を指定するには相対パスで
　　BKUP¥DATA1 とすればよい．

　b　カレントディレクトリ TXT1 からデイレクトリを介さずに指定できるファイル
　　は DATA1 一つだけである．

　c　カレントディレクトリは ¥IMAI¥TXT1 になる．

6-3　　フロッピーディスクに関する次の記述を読み，設問中の ［　　　］ に入れる
　　べき適切な字句を，解答群の中から選べ．解答は重複して選んでもよい．
　　　このフロッピーディスクの記録方法は，次のとおりである．

　⑴　ディスクの両面に記録する．トラックは複数のセクタに等分割される．

　⑵　一つのブロックを，複数のトラックにまたがって記録することはできな
　　い．

　⑶　一つのブロックを，複数のセクタにまたがって記録できるが，最後のセ
　　クタに余白が生じても，他のブロックのレコードを記録することはない．

　⑷　一つのセクタが，複数のブロックを記録できる大きさをもっている場合
　　でも，一つのセクタには一つのブロックだけしか記録できない．

　　　なお，設問中の W，X，Y，Z は，同じ文字であれば同じ内容を表す．

〔設問〕

(1) このフロッピーディスク全体の記録容量を W バイトとすると

W ＝ 2面×1面当たりのトラック数×1トラック当たりのセクタ数

×  a

(2) 1ブロックを記録するためのセクタ数を X とすると

X ＝ 1レコードのバイト数×  b  ÷1セクタ当たりのバイト数

ただし，計算結果は切上げとする．

(3) 1トラックに記録できるブロック数を Y とすると

Y ＝  c  ÷ X

ただし，計算結果は  d  とする．

(4) ファイル全体を記録するのに必要なトラック数を Z とすると

Z ＝ ファイル全体のレコード数÷(Y×  e  )

ただし，計算結果は  f  とする．

(5) 全体のレコード数が 500 件，1レコードが 150 バイトのファイル全体を，ブロック化因数が 8 で，1トラック当たりのセクタ数が 16，1セクタが 512 バイトのフロッピーディスクに記録するときに必要なトラック数は，  g  である．

<a～c，e に関する解答群>

ア 1トラック当たりのセクタ数　　イ 1トラック当たりのバイト数

ウ 1セクタ当たりのブロック数　　エ 1セクタ当たりのバイト数

オ 1ブロック当たりのレコード数（ブロック化因数）

カ 1ブロック当たりのセクタ数　　キ 1ブロック当たりのトラック数

ク 1レコード当たりのバイト数

<d，f に関する解答群>

ア 切上げ　　　　　　　イ 切捨て　　　　　　　ウ 四捨五入

<g に関する解答群>

ア 10　　　　　イ 11　　　　　ウ 12　　　　　エ 13　　　　　オ 14

【解答】

a　エ―1セクタ当たりのバイト数

b　オ―1ブロック当たりのレコード数（ブロック化係数）

c　ア―1トラック当たりのセクタ数

d　イ―切捨て

e　オ―1ブロック当たりのレコード数

f　ア―切上げ

g　エ―13トラック

解説

セクタ方式の磁気ディスク上にデータを記憶させる場合の容量計算の問題である.
セクタ方式の特性をよく理解しておくことが重要である.

a　装置全体の記憶容量は式（1）で求められる.

b　1ブロックを記憶するのに必要なセクタ数は式（2）で求められる.

c　1トラックに記憶できるブロック数は式（3）で求められる.

d　一つのブロックを二つのトラックにまたがって記憶することはできないので端
　数は切り捨てる.

e　ファイル全体の記憶に必要なトラック数は，ファイル全体のレコード数を1ト
　ラック当たりのレコード数で割ればよい.

f　eの計算で端数が出るということは，もう1トラック分必要になるので結果は切
　り上げる.

g　1ブロックを記憶するためのセクタ数は　$150 \times 8 \div 512 = 2.34$ で3セクタ.

　　1トラックに記憶できるブロック数は　$16 \div 3 = 5.33$ で5ブロック.

　　ファイル全体に必要なトラック数は　$500 \div (5 \times 8) = 12.5$ で13トラックとなる.

**6-4**　ファイルのバッファ管理に関する次の記述中の [        ] に入れるべき適切
　　な字句を，解答群の中から選べ.解答は重複して選んでもよい.

　　　あるファイルは，M個のブロックからなり，格納されているレコードは
　　Rm-nという番号で識別される.ここでmはブロック番号，nはブロック内
　　の相対レコード番号である.このファイルからの読込み処理は，プログラム
　　上はレコード単位だが，物理的にはブロック単位で行われる.

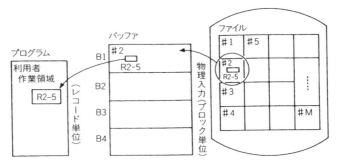

（注）＃ m：ブロック番号 m のブロック

**図1** R 2-5 を読み込んだ場合の例

バッファは，4ブロック分の大きさをもち，それらをB1，B2，B3，B4とする．まずB1を使用し，その後異なるブロックを読み込むとB2に格納する．以下B3，B4の順で使用する．更に異なるブロックを読み込むとき，使用中のバッファを解放して利用するが，解放するバッファの選択はLRU（Least Recently Used）方式に従う．

プログラムから要求されたレコードを含むブロックが既にバッファ内に存在するとき，磁気ディスク上のブロックの読込み処理（物理入力）は行わない．

プログラム実行中，他のプログラムがこのファイルをアクセスすることはない．

また，ここでは読込み処理だけなので，解放されたバッファの内容は保存せず，単純に新しいブロックを読み込む．

| 〔プログラム開始〕 | |
|---|---|
| READ | R 1-1 |
| READ | R 3-1 |
| READ | R 3-4 |
| READ | R 6-3 |
| READ | R 8-2 |
| READ | R 3-6 |
| READ | R 1-5 |

**図2** レコードの読込み順序

| READ | R 7-3 |
|---|---|
| READ | R 8-3 |
| READ | R 3-4 |
| READ | R 4-8 |
| READ | R 7-6 |
| READ | R 6-5 |

**図3** レコードの読込み順序（続き）

　　あるプログラムでは，図2の順でレコードの読込み命令を出した．R1-5
を読み込んだ時点で，B2バッファには　　a　　の内容が，B3バッファに
は　　b　　の内容が格納されている．そして，この時点までに実行された
物理入力の回数は，　c　　回である．
　　図2に続き，更に図3の順でレコードの読込み命令を出した．R6-5を読
み込んだ時点で，B2バッファには　　d　　の内容が，B3バッファには
　　e　　の内容が格納されている．そして，この時点までに実行された物理
入力の回数は，プログラム開始時点から数えて　　f　　回である．

＜a，b，d，eに関する解答群＞

ア　第1ブロック　　　イ　第2ブロック　　　ウ　第3ブロック

エ　第4ブロック　　　オ　第5ブロック　　　カ　第6ブロック

キ　第7ブロック　　　ク　第8ブロック

＜c，fに関する解答群＞

ア　4　　　　　　　　イ　5　　　　　　　　ウ　6

エ　7　　　　　　　　オ　8　　　　　　　　カ　9

キ　10　　　　　　　　ク　11

【解答】

a　ウ―第3ブロック

b　カ―第6ブロック

c　ア―4回

d　ウ―第3ブロック

e　キ―第7ブロック

f　エ―7回

解説

　プログラムのバッファリング技法に関するやや高度な問題である．ランダムアクセ
ス処理を複数のバッファを使用して効率よく行っている．

　a　レコードR1-5を読み込んだ時点で，バッファに読み込まれたブロックは1，3，
6，8であり，この順で読み込まれている．したがって，バッファB2には第3ブ

　ロックが格納されている.

b　バッファB3には第6ブロックが格納されている.

c　物理入力は4回行われた.

d　レコードR7-3の読み込みで，第7ブロックは第6ブロックが格納されていた
　バッファB3に読み込まれる. LRU法によって，4つのブロックの中で最も長い
　間使われなかったブロックが選ばれるが，それは第6ブロックである.

　　同様に，レコードR4-8の読み込みで第4ブロックがバッファB1（第1ブロッ
　クの後）に読み込まれ，R6-5の読み込みで第6ブロックがバッファB4（第8ブ
　ロックの後）に読み込まれる.

　　バッファB2には最初に読み込んだ第3ブロックが格納されている.

e　バッファB3には第7ブロックが格納されている.

f　物理入力の回数は合計7回になる.

# 参 考 文 献

(1) 萩原宏, 津田孝夫, 大久保英嗣:「現代オペレーティングシステムの基礎」, オーム社 (1988)

(2) 江村潤朗監修, 鎌田肇:「多重仮想記憶オペレーティングシステム」, オーム社 (1983)

(3) 井田昌之, 田中啓介:「UNIX 詳説-基礎編-」, 丸善 (1990)

(4) Maurice J.Bach 著, 坂本文, 多田好克, 村井純訳:「UNIX カーネルの設計」, 共立出版 (1991)

(5) Mike Loukides 著, 砂原秀樹監訳:「UNIX システムチューニング」, アスキー出版局 (1991)

(6) AT&T ベル研究所編, 石田晴久監訳, 長谷部紀元, 清水謙太郎訳:「UNIX 原典」, パーソナルメディア (1986)

(7) 前川守, 所真理雄, 清水謙太郎編:「分散オペレーティングシステム」共立出版 (1991)

(8) Helen Custer 著, 鈴木慎司監訳, 福崎俊博訳:「INSIDE WINDOWS NT」, アスキー出版局 (1993)

(9) 乾和志, 菅原圭資:「分散 OS Mach がわかる本」, 日刊工業新聞社 (1992)

# 課題の考え方

(1)　5人の利用者から1秒間隔で要求が到着し，各要求の処理に4秒かかるので，サーバでの処理状況は次のようになります．

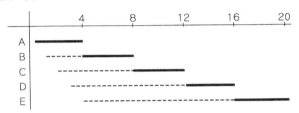

　　したがって，各要求の応答時間は，A：4秒，B：7秒，C：10秒，D：13秒，E：16秒になります．

(2)　サーバ側に3つのプロセスを用意すると，3つの要求を同時に処理できるようになるので，処理状況は次のようになります．

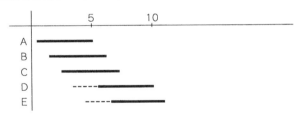

　　要求A，B，Cは到着後直ちに処理されるので応答時間はそれぞれ5秒，要求Dは要求Aの終了を待って処理されるので応答時間は7秒，要求Eは要求Bの終了を待って処理されるので応答時間は7秒になります．

(3)　サーバ側のプログラムをマルチスレッド構造にすると，プロセスの生成や切り替えに伴うオーバヘッドが減少するため，各要求の処理時間そのものを短縮できる．
　　(2)のタイムチャート上では，スレッド間のCPUの競合を考慮していないが，CPUが1台の場合は，CPUの競合により処理が遅れる可能性がある．サーバ機のCPUを2台あるいは4台に増設すれば，マルチスレッド構造の効果を一層高めることが可能になる．

> 課題解説　第2章：プロセスの状態遷移（p. 26）

（1）　省略

（2）　各プロセスの優先度を A＞B＞C としてタイムチャートを作成してみます．各プロセスの状態を次の記号で表示します．

- ・実行状態　　　　　　　　　　　━━━━━━━━
- ・実行可能状態　　　　　　　　　--------------
- ・待ち状態（入出力動作中）　　　════════
- ・待ち状態（入出力待ち）　　　　::::::::::::::

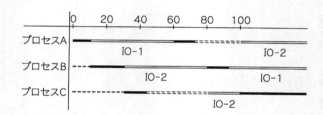

　スタート時点では，全てのプロセスが CPU を要求するので，優先度に従って A，B，C の順に CPU が割り当てられます．プロセス B とプロセス C は，CPU が割り当てられるまでは，「実行可能状態」です．その後，プロセス A は IO-1，プロセス B は IO-2 との入出力に入るので，この間は両プロセスともに「待ち状態」です．プロセス C は CPU を使い終わった後，IO-2 との入出力を行いたいのですが，プロセス B が IO-2 を使用中なので，使用が終わるまで待たされます．この間も，プロセス C は「待ち状態」（入出力待ち）になります．

---

> **課題解説**　　第2章：プロセスの生成（p. 32）

　UNIX の fork システムコールを使った，簡単なプログラムです．手元に，UNIX または Linax の環境があるようでしたら，是非，実行してみてください．

(1)　親プロセスは fork システムコールの戻り値の値が正になります．処理内容は次のとおりです．

　　　　"program start" と表示する．

　　　　fork システムコールを実行して子プロセスを作る．

　　　　"parent-1" と表示する．

　　　　5秒後に，"parent-2" と表示する．

　　　　5秒後に，"parent-3" と表示する．


(2)　子プロセスは fork システムコールの戻り値の値が0（ゼロ）になります．処理内容は次のとおりです．

　　　　"child-1" と表示する．

　　　　8秒後に，" child-2" と表示する．


(3) 画面には，次の順序でメッセージが表示されます．

　　　　"program start"

　　　　"parent-1"

　　　　"child-1"

　　　　"parent-2"

　　　　"child-2"

　　　　"parent-3"

　なお，"parent-1"と"child-1"は，ほぼ同時に出力されるので，その時のタイミングで後先が変わります．

| 課題解説 | 第2章：プロセスの排他制御 （p. 37） |
| --- | --- |

（1）　端末1からは70台の出荷処理，端末2からは80台の入荷処理が要求されている
ので各プログラムの処理内容は次のようになります．

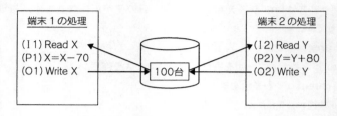

（2）　この問題の正しい結果としては，在庫台数が110台にならなければなりません．
　　＜ケース1＞と＜ケース2＞は二つのプログラムのクリティカルセクションを交互に
実行しているため，正しい結果は得られません．＜ケース3＞はクリティカルセクショ
ンを単独で実行しているので，正しい結果になります．
　　＜ケース1＞の場合は，次のようになります．

| 命令 | I1 | P1 | I2 | O1 | P2 | O2 |
| --- | --- | --- | --- | --- | --- | --- |
| 変数 X の値 | 100 | 30 | → | 30 | — | — |
| 変数 Y の値 | — | — | 100 | → | 180 | 180 |
| ファイルの値 | 100 | → | 100 | 30 | → | 180 |

　　最終的なファイル上の値は180台になってしまいます．このケースでは端末1から
の70台出荷する処理が全く無視されてしまいます．原因は，端末1の出力処理（O1）
が終わらないうちに，端末2がファイル上のデータを読んでしまった（I2）ためです．

## 課題解説　第2章：セマフォの仕組み（p. 41）

　3つのプロセスのタイムチャートは次のようになります．クリティカルセクションは

で表示してあります．

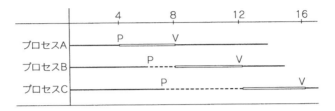

　プロセスAの占有命令（P）は，直ちに受け入れられてクリティカルセクションに入ることができます．プロセスBが占有命令（P）を出した時点では，ファイルXはプロセスAに占有されているため，プロセスAが解放命令（V）を出すまで，プロセスBの処理は待たされます．プロセスAの解放命令（P）が出ると，プロセスBは待ちが解けてクリティカルセクションに入ることができます．プロセスCも同様です．

(1)　省略

(2)　この処理における，セマフォ制御ブロックの状態は次のようになります．

| No | 命　　令 | sの値 | qの値 | 待ち行列の状態 |
|---|---|---|---|---|
| | 初期状態 | s = 1 | q = 0 | |
| ① | AのP命令 | s = 0 | q = 0 | |
| ② | BのP命令 | s = 0 | q = 1 | ■－B |
| ③ | CのP命令 | s = 0 | q = 2 | ■－B－C |
| ④ | AのV命令 | s = 0 | q = 1 | ■－C |
| ⑤ | BのV命令 | s = 0 | q = 0 | |
| ⑥ | CのV命令 | s = 1 | q = 0 | |

| 課題解説 | 第2章：プロセス間の同期 (p. 47) |

(1) 三つの処理プロセス A，B，C とプリンタ出力プロセス X のタイムチャートは次のようになります．

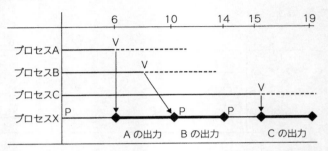

三つの処理プロセス A，B，C は，自分の処理が終了した時点で事象の発生を通知する V 命令を出して，プロセス X にプリンタ出力を依頼します．

プロセス X は，スタート直後に事象を待ち合わす P 命令を出して，プリンタ出力の依頼を待ちます．6秒経過すると，プロセス A からの通知命令（V）が出るので，これを受け取って，プロセス A の出力処理を行います．

出力処理が終わると，次の出力に備えるために直ちに待ち合わせ命令（P）を出します．この時は，すでにプロセス B からの通知命令（V）が出ているので，連続してプロセス B の出力処理を行うことになります．

以下同様で，15秒経過した時点でプロセス C からの通知命令（V）が出るので，プロセス X は，それを受け取ってプロセス C の出力処理を行います．

(2) 省略

(3)　プロセス A，B，C が相互に関連のある仕事をしていて，全ての実行結果をまとめて出力させたいような場合は，「多重待ち合わせ」を行います．この時，タイムチャートは次のようになります．

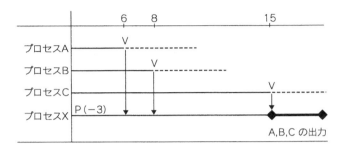

課題解説　　第3章：基本的なスケジューリング (p. 73)

　5つのプロセス A〜E が次のように到着して，CPU を使用する場合のタイムチャートを作成してみます．

| プロセス | 到着時刻 | CPU 使用時間 |
|---|---|---|
| A | 0 | 10 |
| B | 5 | 5 |
| C | 10 | 20 |
| D | 15 | 15 |
| E | 20 | 10 |

(1)　到着順アルゴリズム

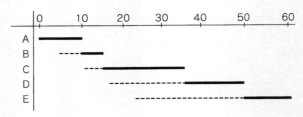

　到着順アルゴリズムは，到着したプロセスから順に CPU を割り当てていきます．各プロセスのターンアラウンドタイムは，A：10，B：10，C：25，D：35，E：40 となります．

(2)　最短時間順

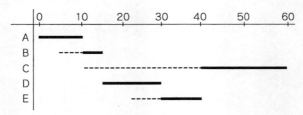

　最短時間順アルゴリズムでは，到着しているプロセスの中で CPU 使用時間の短いプロセスから順に CPU を割り当てます．時刻 15 の時点ではプロセス C と D が到着していて，CPU 時間の短いプロセス D が優先されます．時刻 30 の時点では，プロセス C と E の比較で，プロセス E が優先されます．

(3)　ラウンドロビン（タイムスライス＝5）

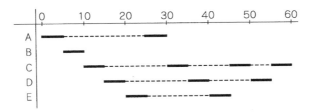

　ラウンドロビンでは，所定の CPU 時間（タイムスライス）を使い切ったプロセスは，CPU を次のプロセスに譲って，行列の最後に回り，次の CPU 割り当てを待ちます．

課題解説　第3章：横取りのあるスケジューリング（p. 78）

(1)　横取りのある優先度順スケジューリング

| プロセス | 到着時刻 | CPU 使用時間 | 優先度 |
|---|---|---|---|
| A | 0 | 10 | 5（低） |
| B | 5 | 5 | 1（高） |
| C | 10 | 20 | 4 |
| D | 15 | 15 | 2 |
| E | 20 | 10 | 3 |

　横取りのある優先度順スケジューリングでは，自分よりも優先度の高いプロセスが到着したら，直ちにそのプロセスに CPU を譲ります．

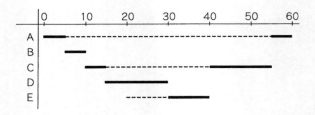

　時刻 5 の時点では優先度の高いプロセス B が到着するので，CPU 使用権はプロセス A からプロセス B に移行します．同様に，時刻 15 の時点では，プロセス C よりも優先度の高いプロセス D が到着するので，CPU はプロセス D に割り当てられます．

(2)　省略

第4章：例外の発生と処理（p.94）

　プログラム割込み（例外）を発生させるプログラムを実行して，オペレーティングシステムが表示するメッセージを確認しましょう．なお，最近のプログラム言語には，割込み処理をOSに任せるのではなく，プログラム言語の中で処理をしてしまう方式が多くなっているようです．

参考までに，「C言語」でのプログラム例を示します．

(1)　ゼロによる除算

```
int   a,b,c;
a = 7;
b = 0;
c = a / b:
printf("%d¥n",c);
```

(2)　整数オーバーフロー

```
int   a,b,c;
a = 3000;
b = 7000;
c = a * b:
printf("%d¥n",c);
```

(3)　不正アドレスへのアクセス

```
int   *a;
a = 0;
printf("%d¥n",*a);
```

課題解説　　第4章：割込みの制御（p. 100）

(1)　割込みの発生に伴う制御の移行を，机上でシミュレーションをすると，次の表のようになります.

| 時　点 | (1) | (2) | (3) |
|---|---|---|---|
| 割込みの発生 | | ★<br>(ゼロ割) | ★<br>(入出力完了) |
| CPUのモード | | | |
| 割り込み処理<br>ルーチン<br>ディスパッチャ | | | |
| プロセスA (低) | | (終了) | |
| プロセスB (中) | | | |
| プロセスC (高) | | | |

［プロセスの状態］　　　　　［CPUのモード］
・実行状態　━━━━　　　　・カーネルモード ━━━━
・実行可能状態 --------　　・ユーザモード ------
・待ち状態　════

(2)

・時点2では，プログラム割込み（ゼロ割り）が発生します. 通常の処理では，ゼロ割りを起こしたプログラムは強制終了させられます. そうすると，CPU は実行可能状態で CPU を待っていたプロセス B に割り当てられます.

・時点3では，プロセス C の入出力動作が完了します. プロセス C は実行可能状態となって CPU を要求します. 今まで CPU を使っていたプロセス B よりも，プロセス C の優先度が高いので，CPU はプロセス C に割り当てられます.

**課題解説**　第5章：主記憶の管理（p. 114）

(1)　オーバーレイ構造図は次のようになります.

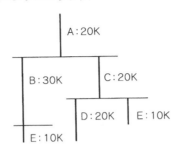

　このような構造にすれば，60KBの主記憶容量で，トータル100KBのプログラム
を動かすことが可能になります.

(2)　可変区画割付けで「コンパクション」を行わない場合のメモリマップは次のよう
になります.

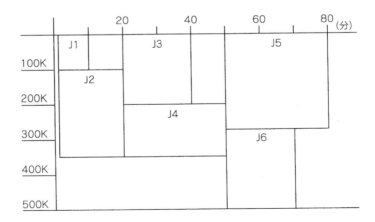

---

| 課題解説 | 第 5 章 : 仮想記憶の仕組み (p. 120) |

（1）　全体で 8 ページのプログラムを 5 ページの主記憶で実行した場合に，主記憶には
どのページが置かれるかを考えます．なお，この問題は仮想記憶システムの大まか
な動きを理解するためのものなので，ページの置き換えをきちんと考えてはいませ
ん．

　次の時点における主記憶の状態を示します．

ア　プログラムの実行開始前

イ　1 件目のデータ処理終了後

ウ　4 件目のデータ処理終了後（今まで，エラーは発生していない）

エ　5 件目のデータ処理終了後（エラーが発生した）

オ　6 件目のデータ処理終了後（6 件目は正常データ）

カ　10 件目のデータ処理終了後（6 件目以降，エラーは発生しない）

キ　プログラムの実行終了

| ア | イ | ウ | エ |
|---|---|---|---|
| － | P1 | P1 | P6 |
| － | P2 | P2 | P2 |
| － | P3 | P3 | P3 |
| － | P4 | P4 | P4 |
| － | － | － | P5 |

| オ | カ | キ |
|---|---|---|
| P6 | P6 | P7 |
| P2 | P2 | P8 |
| P3 | P3 | P3 |
| P4 | P4 | P4 |
| P1 | P1 | P1 |

ウ　エラーが発生しない状況では，P1 から P4 までの 4 ページが主記憶上に置
　　かれています．

エ　エラーが発生すると，エラー処理を行う P5，P6 ページが主記憶上に置かれ
　　ます．この時，今まで主記憶上に置かれていた P1 から P4 のうちのどれか 1
　　ページを仮想記憶に追い出して，そこに新しいページを置きます．

**課題解説**　　第5章：アドレス変換の仕組み（p. 126）

　仮想記憶と実記憶の関係は，次の図に示すとおりです．網掛けのしてある3ページが主記憶上に乗っている状態です．

| 仮想記憶 | | ページテーブル | | | 実記憶 | |
|---|---|---|---|---|---|---|
| 00000000 | P0 | 0 | 02D000 | * | – | |
| | P1 | 1 | | – | 02A000 | |
| 00002000 | P2 | 2 | | – | | |
| | P3 | 3 | 02C000 | * | 02C000 | P3 |
| 00004000 | P4 | 4 | 02E000 | * | – | P0 |
| | P5 | 5 | | – | 02E000 | P4 |
| 00006000 | P6 | 6 | | – | | |
| – | P7 | 7 | | – | 030000 | |

(1)　仮想アドレス（31A2)16を，仮想アドレスの構成に従ってページテーブル番号，ページ番号とページ内アドレス（オフセット）に分けて2進数で表現すると，次のようになります．

| （ページテーブル番号） | （ページ番号） | （ページ内アドレス） |
|---|---|---|
| 0000 0000 00 | 00 0000 0011 | 0001 1010 0010 |

　すなわち，このアドレスが存在するページの状態は，「ページディレクトリ」（上の図では省略）の0番のエントリーでポイントされている「ページテーブル」の3番のエントリーを見ればわかることを意味します．「ページテーブル」の3番のエントリーを見ると，このページは主記憶上に存在し，その先頭アドレスが（02C000)16であることがわかります．したがって，実アドレスは，先頭アドレス（02C000)16にページ内アドレス（1A2)16を加えた（02C1A2)16として求まります．

(2)　仮想アドレス（62C4)16が存在するページは，「ページテーブル」の6番のエントリーで管理されていて，現在は主記憶上に存在しないことを表しています．したがって，プログラムがこのアドレスを参照すると「ページフォルト」が発生し，主記憶上のどこか空いているページ枠にこのページを読み込む必要があります．

(3)　省略

> ### 課題解説　第5章：ページ置き換えの技法 (p. 135)

　6ページのプログラムを4ページの主記憶で動作させる場合を例に，ページ置き換えのアルゴリズムとしてFIFOとLRUを適用します．

<ページの参照順序>

| P1 |
|---|
| P2 |
| P3 |
| P4 |
| P5 |
| P6 |

1, 2, 3, 4, 1, 2, 3, 5, 1, 2, 3, 6, 1, 2, 3, 4

(1)　ページ置き換えの技法としてFIFOを用いる．

| 参照ページ | | 1 | 2 | 3 | 4 | 1 | 2 | 3 | 5 | 1 | 2 | 3 | 6 | 1 | 2 | 3 | 4 |
|---|---|---|---|---|---|---|---|---|---|---|---|---|---|---|---|---|---|
| 主記憶 | a | 1 | 1 | 1 | 1 | 1 | 1 | 1 | 5 | 5 | 5 | 5 | 6 | 6 | 6 | 6 | 6 |
| | b | | 2 | 2 | 2 | 2 | 2 | 2 | 2 | 1 | 1 | 1 | 1 | 1 | 1 | 1 | 4 |
| | c | | | 3 | 3 | 3 | 3 | 3 | 3 | 3 | 2 | 2 | 2 | 2 | 2 | 2 | 2 |
| | d | | | | 4 | 4 | 4 | 4 | 4 | 4 | 4 | 3 | 3 | 3 | 3 | 3 | 3 |
| ページフォルト | | ○ | ○ | ○ | ○ | | | | ○ | ○ | ○ | ○ | ○ | | | | ○ |

　FIFOでは，最も古くから主記憶上に存在するページを追い出します．網掛けは，そのページが主記憶上に読み込まれたことを示します．

(2)　ページ置き換えの技法としてLRUを用いる．

| 参照ページ | | 1 | 2 | 3 | 4 | 1 | 2 | 3 | 5 | 1 | 2 | 3 | 6 | 1 | 2 | 3 | 4 |
|---|---|---|---|---|---|---|---|---|---|---|---|---|---|---|---|---|---|
| 主記憶 | a | ① | 1 | 1 | 1 | ① | 1 | 1 | 5 | ① | 1 | 1 | 1 | ① | 1 | 1 | 1 |
| | b | | ② | 2 | 2 | 2 | ② | 2 | 2 | 2 | ② | 2 | 2 | 2 | ② | 2 | 2 |
| | c | | | ③ | 3 | 3 | 3 | ③ | 3 | 3 | 3 | ③ | 3 | 3 | 3 | ③ | 3 |
| | d | | | | ④ | 4 | 4 | 4 | ⑤ | 4 | 4 | 4 | ⑥ | 4 | 4 | 4 | ④ |
| ページフォルト | | ○ | ○ | ○ | ○ | | | | ○ | | | | ○ | | | | ○ |

　LRUでは，最も長い間使われなかったページを追い出します．①は，そのページが使われたことを示します．

(3)　省略

## 課題解説　第5章：ワーキングセット（p.140）

　プログラムで大きな2次元の配列を操作する場合は，注意が必要です．2次元の配列は，主記憶上で次のように配置されます．

○配列 xdata [1000] [1000]

| |
|---|
| xdata(0, 0) |
| (1, 0) |
| (2, 0) |
| |
| (1000, 0) |
| xdata(0, 1) |
| (1, 1) |
| (2, 1) |
| |
| |
| (1000, 1) |

○ゼロクリアのプログラム

```
main()
{
    int i,j;
    int xdata[1000][1000]
    for(i=0,i<1000,i++)
        {
            for(j=0,j<1000,j++)
                xdata[i][j]=0;
        }
}
```

　この2次元配列を上記のプログラムでゼロクリアを行うと，主記憶上の配列要素がどのような順序でアクセスされるかを考えます．

　このプログラムでは，内側のループで第2添え字（変数 j）を変化させているので，配列要素は次の順でアクセスされます．

> xdata[0][0]→xdata[0][1]→xdata[0][2]→………→xdata[0][1000]→
> xdata[1][0]→xdata[1][1]→xdata[1][2]→………→xdata[1][1000]→

　ひとつの配列要素に4バイト取られるとすると，配列要素1000個分で約4キロバイト，すなわち1ページの領域が必要になります．そうすると，このプログラムは一つの配列要素をゼロクリアするたびに新しいページを要求することになります．このようなプログラムでは，ページフォルトが頻発し，実行時間も長くなってしまいます．

　ループの回し方をちょっと変えて，外側のループで第2添え字（変数 j）を変化させ，内側のループで第1添え字（変数 i）を変化させるように，プログラムを変更してみて下さい．実行時間は，見違えるように速くなるはずです．

> **課題解説**　第6章：ファイルシステムの構造 (p. 159)

(1)　ディレクトリとファイルは次のような構造になります.

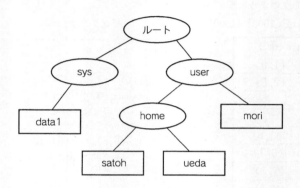

(2)　ユーザが次のパスを指定したとき，ファイル［satoh］にたどり着くまでの手順
は次のとおりです.

> /user/home/satoh

①　まず，ルートディレクトリを検索して，［user］のiノード番号＝3を知る.

②　iノード領域の3番のエントリーを見て，［user］の物理アドレス＝1008を知る.

③　［user］ディレクトリを検索して，［home］のiノード番号＝4を知る.

④　iノード領域の4番のエントリーを見て，［home］の物理アドレス＝1012を知る.

⑤　［home］ディレクトリを検索して，［satoh］のiノード番号＝7を知る.

⑥　iノード領域の7番のエントリーを見て，［satoh］の物理アドレス＝1024を知る.

⑦　これでようやく，ファイル［satoh］にアクセスできるようになる.

課題解説 第6章：ファイルの入出力 (p. 165)

(1) 16 セクタ分のデータを一括して転送する機能を使った場合の入出力時間を求めます．この機能は，ディスク上のデータを順アクセスで読み書きする場合は，多くの場合自動的に適用されます．

① 1回の入出力で転送できるデータ長は

512（バイト）× 16（セクタ）＝ 8,192（バイト）

したがって，128 バイトのデータを，64 件分転送できる．

② 1回の入出力でのアクセス時間は

（平均シーク時間）12 ミリ秒 ＋（平均回転待ち時間）4 ミリ秒

＋（8K バイト転送時間）4 ミリ秒 ＝ 20 ミリ秒

③ 10,000 件のデータを書き出すのに必要な入出力回数は

10,000 件 ÷ 64 件 ＝ 156.25 → 157 回必要になる．

④ 全ての入出力に要する時間は

20 ミリ秒 × 157 回 ＝ 3,140 ミリ秒 ＝ 3.14 秒

(2) 仮に，各セクタ単位で読み書きを行った場合の入出力時間を求めます．実際には，順アクセスでこのような転送が行われることは，まずありません．

① 1回の入出力で転送できるデータ件数は

512 バイト ÷ 128 バイト ＝ 4 件

② 1回の入出力でのアクセス時間は

（平均シーク時間）12 ミリ秒 ＋（平均回転待ち時間）4 ミリ秒

＋（0.5 K バイト転送時間）0.25 ミリ秒 ＝ 16.25 ミリ秒

③ 10,000 件のデータを書き出すのに必要な入出力回数は

10,000 件 ÷ 4 件 ＝ 2,500 回

④ 全ての入出力に要する時間は

16.25 ミリ秒 × 2,500 回 ＝ 40,625 ミリ秒 ＝ 約 40 秒

(3) 省略

| 課題解説 | **第 6 章：ブロッキングとバッファリング**（p. 171） |

(1) 　磁気ディスク上にあるレコードを，物理的に 1 件ずつ読み込んで処理をする場合の実行時間を求めます．実際のプログラムでこれと同じことをするには，OS が提供する入出力システムコールを直接呼び出さないと，実現できません．また，こんなことをする必要もありません．

① 　1 回の入出力に要する時間は

（平均回転待ち時間）16 ミリ秒＋（200 バイトの転送時間）0.1 ミリ秒＝ 16.1 ミリ秒

② 　全体の入出力時間

16.1 ミリ秒×10,000 回＝ 161 秒

③ 　全体の CPU 処理時間

10 マイクロ秒×10,000 件＝ 100 ミリ秒＝ 0.1 秒

④ 　プログラムの実行時間

161 秒＋ 0.1 秒＝ 161.1 秒


(2) 　今度は，1 回の入出力で，10 レコード分をまとめて読み込む場合の実行時間を求めます．

① 　1 回の入出力に要する時間は

（平均回転待ち時間）16 ミリ秒＋（2000 バイトの転送時間）1 ミリ秒＝ 17 ミリ秒

② 　全体の入出力時間

17 ミリ秒×1,000 回＝ 17 秒

③ 　全体の CPU 処理時間

10 マイクロ秒×10,000 件＝ 100 ミリ秒＝ 0.1 秒

④ 　プログラムの実行時間

17 秒＋ 0.1 秒＝ 17.1 秒


(3) 　バッファを二つ用意して，読み終わったデータの CPU 処理と次のデータの読み込みを並行して行う場合です．通常は，データの読み込み時間（10 件で 17 ミリ秒）に比べて，読み終わったデータの CPU 処理時間（10 件で 100 マイクロ秒）の方が大幅に短いので，CPU 時間は裏に隠れてしまい，プログラムの実行時間には影響しなくなります．

　　したがって，プログラムの実行時間＝全体の入出力時間となって，17 秒になります．

# 索　　引

■ 著者紹介

古市　栄治（ふるいち　えいじ）

1969 年　東京理科大学工学部経営工学科卒業
　　　　　同年富士通株式会社入社
1985 年　学校法人岩崎学園奉職
現　　在　情報科学専門学校非常勤講師
　　　　　特殊情報処理技術者

オペレーティングシステム入門（新版）

2022 年 9 月 10 日　　第 1 版第 1 刷発行
2024 年 6 月 30 日　　第 1 版第 3 刷発行

著　　者　古市栄治
発行者　村上和夫
発行所　株式会社オーム社
　　　　　郵便番号　101-8460
　　　　　東京都千代田区神田錦町 3-1
　　　　　電話　03（3233）0641（代表）
　　　　　URL　https://www.ohmsha.co.jp/

© 古市栄治 2022

印刷・製本　平河工業社
ISBN978-4-274-22921-3　Printed in Japan

**本書の感想募集** https://www.ohmsha.co.jp/kansou/
本書をお読みになった感想を上記サイトまでお寄せください．
お寄せいただいた方には，抽選でプレゼントを差し上げます．

# コンピューターリテラシー
## Microsoft Office Word & PowerPoint 編［改訂版］

花木泰子・浅里京子 共著　　　　　　　B5判　並製　236頁　本体2400円【税別】

本書は，ビジネス分野でよく利用されているワープロソフト（Word），プレゼンテーションソフト（PowerPoint）の活用能力を習得することを目的としたコンピューターリテラシーの入門書です．やさしい例題をテーマに，実際に操作しながらソフトウェアの基本的機能を学べるように工夫されています．Office 2019 に対応しています．

**【主要目次】 Word編** 1章　Word の基本操作と日本語の入力　2章　文書の入力と校正　3章　文書作成と文字書式・段落書式　4章　ビジネス文書とページ書式　5章　表作成Ⅰ　6章　表作成Ⅱ　7章　社外ビジネス文書　8章　図形描画　9章　ビジュアルな文書の作成　10章　レポート・論文に役立つ機能Ⅰ　11章　レポート・論文に役立つ機能Ⅱ　**PowerPoint編**　1章　プレゼンテーションとは　2章　PowerPoint の基礎　3章　プレゼンテーションの構成と段落の編集　4章　スライドのデザイン　5章　表・グラフの挿入　6章　図・画像の挿入　7章　画面切り替え効果とアニメーション　8章　スライドショーの準備と実行　9章　資料の作成と印刷　10章　テンプレートの利用

# コンピューターリテラシー
## Microsoft Office Excel 編［改訂版］

多田憲孝・内藤富美子 共著　　　　　　B5判　並製　236頁　本体2400円【税別】

本書は，ビジネス分野でよく利用されている表計算ソフト（Excel）の活用能力を習得することを目的としたコンピューターリテラシーの入門書です．やさしい例題をテーマに，実際に操作しながらソフトウェアの基本的機能を学べるように工夫しています．Office 2019 に対応しています．

**【主要目次】 基礎編** 1章　Excel の概要　2章　データ入力と数式作成　3章　書式設定と行・列の操作　4章　基本的な関数　5章　相対参照と絶対参照　6章　グラフ機能Ⅰ　7章　データベース機能Ⅰ　8章　判断処理Ⅰ　9章　複数シートの利用　10章　基礎編総合演習　**応用編**　11章　日付・時刻に関する処理　12章　文字列に関する処理　13章　グラフ機能Ⅱ　14章　判断処理Ⅱ　15章　データベース機能Ⅱ　16章　表検索処理　17章　便利な機能　18章　応用編総合演習

# Excel でわかる　数学の基礎（新版）

酒井　恒 著　　　　　　　　　　　　　B5判　並製　210頁　本体2600円【税別】

表計算ソフト Excel を用い，楽しく数学を学べるよう簡単な計算やグラフを通して順次，微分や積分まで無理なく学習できるよう工夫しています．また高等数学へのアプローチも含んでいます．

**【主要目次】** 1. 数値計算法　2. Excel の操作　3. 数列　4. 基本的な関数の計算とグラフ　5. 媒介変数を持つ関数　6. 2変数の関数（3D グラフ）　7. 方程式の解　8. 微分　9. 積分　10. テイラー展開　11. フーリエ級数展開　12. 常微分方程式の解　13. 確率と統計　14. ベクトルと行列

# わかる　基礎の数学

小峰茂・松原洋平 共著　　　　　　　　A5判　並製　320頁　本体2400円【税別】

数学は嫌いだと感じている人にでも興味を持たせるように工夫した構成．工業系はもちろん，マルチメディアや医系・文系の人にでも抵抗なく学べるよう，わかりやすい解説と演習で構成．

**【主要目次】** 1章　計算の基礎　2章　式の計算　3章　方程式と不等式　4章　関数とグラフ　5章　三角関数　6章　指数関数と対数関数　7章　複素数とベクトル　8章　行列と行列式　9章　数列　10章　微分　11章　積分